崩壊する「ダムの安全神話」

——ダムは命と暮らしを守らない

『崩壊する「ダムの安全神話」』出版準備委員会……［編］

花伝社

崩壊する「ダムの安全神話」――ダムは命と暮らしを守らない◆目次

出版にあたって　子守唄の里・五木を育む清流川辺川を守る県民の会代表　**中島康**　4

I　「ダムによらない治水・利水と地域振興の実現」に関する発言と寄稿

まだまだ続く苦難の道　五木村長　**和田拓也**　8

「防災安全度」向上を目指すダムによらない治水対策を　人吉市長　**田中信孝**　18

ダムによらない治水を実現するにはどうすればいいのか　京都大学名誉教授　**今本博健**　29

「身の丈にあった」利水事業の実現を　川辺川利水訴訟原告団長　**茂吉隆典**　42

編集を終えて　熊本県立大学名誉教授　**中島熙八郎**　50

Ⅱ　特別寄稿

立野ダムは危険で自然を壊す――ダムより河川改修を
立野ダムによらない自然と生活を守る会事務局長　**緒方紀郎**　54

瀬戸石ダムを巡る現状　瀬戸石ダムを撤去する会事務局長　**土森武友**　59

川原《こうばる》ここにあり　石木ダム建設絶対反対同盟員　**石丸勇**　67

あとがき　弁護士　**板井優**　76

年表　78

出版にあたって

子守唄の里・五木を育む清流川辺川を守る県民の会代表　中島康

球磨川は、川辺川をはじめとする多くの支流も含め、太古の昔から人との関係の深い河川です。五木村には、縄文時代の遺跡があり、人吉、球磨地方は『古事記』に熊襲《くまそ》の地として述べられているように、川は人々に豊かなめぐみを与え、人々は川との共生で独自の豊かな文化を育んで来ました。この球磨川流域に住む人々の生活にとって、この川は切っても切れない間柄なのです。人々はこの川に非常な愛着と親しみを抱いています。

この球磨川の支流、川辺川にダム建設計画が発表されたとき、水没地の相良・五木の人々は、三年続きの水害被害の復興に忙殺されている最中でした。そして、球磨川本流に荒瀬、瀬戸石、市房の三つのダムの建設をゆるしてしまった結果、川の濁りと今まで経験したことのない様な水害を経験した下流域の人々は、強い後悔と苦い反省を持ってこの計画を聞いたのです。

根強い反対を続けていた五木、相良村は、下流域の為という大義名分のもとに、計画発表一〇年後、ダム反対の旗を下ろさざるを得ませんでした。

しかしまたその十数年後、国営川辺川総合土地改良事業計画に「ダムの水はいらん」の筵旗のもと、「平成の百姓一揆」の農家の人々が反対の声を上げ、人吉市を中心とした「川辺川ダム建設反対」の市民運動が立ち上げられたのです。

この反対運動はその後、球磨川川漁師組合に、県内に、そして全国に広がり、粘り強い運動の結果、相良村長・人吉市長のダム建設反対の表明はついに、蒲島熊本県知事による「川辺川ダム建設計画の白紙撤回表明」を引き出すに到りました。その時知事は「守るべき宝は、球磨川そのものである」と述べています。

一人ひとりはなんの力もない人々が、ダム反対の声を休むことなく上げ続けた結果の勝利と言えるでしょう。

しかし現在、川辺川ダム計画は一時中断しているとは言え、多くの問題が山積しています。

まずダム計画に翻弄され続けた五木村の将来については、川辺川の運動に携わって来た者としておろそかにしてはいけないことです。かつて六〇〇〇人以上いた村民が、いま一三〇〇人を大きく割り込んでいます。早急に、真剣に考えなくてはいけません。

現在、利水においては「身の丈にあった利水事業」を実現するため、原告農家の一人ひとりが現実にあった利水事業とは何であるかを考え、模索しています。また治水については県、球磨川流域市町村で「ダムによらない治水を検討する場」会議が開かれていますが、国が持ち出してきた「安全度」も、解釈によってなかなか共通認識に至っていない状況で、一日も早い治水計画策定とそれに対する予算決定が望まれます。

今ここで私たちが考えなければならないのは、これまで続けてきた運動が、熊本県知事の「川辺川ダム建設計画の白紙撤回の表明」で完結したわけではない、ということです。ダム建設計画白紙撤回表明は、球磨川復活の第1章が終わったに過ぎないのです。

五木村の復興についてはまだほとんど先が見えない状況です。一見すると、代替え地には立派な家が建ち、道路も新しい橋も整備されています。しかしそこには、赤ん坊の泣き声も、子供たちの笑い声も、殆ど聞かれないのです。村の将来が感じられないのです。

私たちは利水について、「身の丈にあった利水」、即ち現地の実情にあった利水計画を要望し、一方的な国の国営川辺川総合土地改良事業計画に反対してきました。また治水事業計画については、徹底的に国の基本高水流量に依拠した治水計画に反対し、自然な川を前提とした治水を模索してきました。しかし、「ダムによらない治水を検討する場」に国が持ち出してきた「治水安全度」なる言葉の向こうに、「基本高水流量」が見え隠れすることを心配しています。

球磨川復活の第2章は、ダム中止特措法の実現と、住民が望む利水と治水とはどのようなものなのか、住民が考え、まとめ、具体的に提案していくこと、少なくとも住民が望んでいることがなんなのか国に理解させていくこと、国との話し合いの場を作り出していくことであると思います。

今回出版する本書が、第2章の始まりのきっかけになればうれしい限りです。

I

「ダムによらない治水・利水と地域振興の実現」に関する発言と寄稿

❖まだまだ続く苦難の道

五木村長　和田拓也

❖「防災安全度」向上を目指すダムによらない治水対策を

人吉市長　田中信孝

❖ダムによらない治水を実現するにはどうすればいいのか

京都大学名誉教授　今本博健

（註）以上の文は、「ダムによらない治水・利水と地域振興の実現」というテーマについて和田拓也五木村長、田中信孝人吉市長、今本博健京都大学名誉教授からお話しいただいた内容を、中島熙八郎が責任をもって編集したものです。

❖「身の丈にあった」利水事業の実現を

川辺川利水訴訟原告団長　茂吉隆典

（註）この小論は、「ダムによらない治水・利水と地域振興の実現」というテーマについて川辺川利水訴訟原告団団長茂吉隆典さんから、ご寄稿いただいたものです。

まだまだ続く苦難の道

五木村長 和田拓也

国・県・地域・市町村が求めた「ダム容認」

始まりは昭和の半ば頃、二〇年代から三〇年代、球磨川総合開発の中で五木村地内にダムを計画するという動きが一度ありました。これは、電源開発会社というところが計画したものであり、これについてはいろいろな事情で撤回されたという経緯があります。その後、「三年連続の水害」（昭和三八年、同三九年、同四〇年）があり、ダムをつくって治水をなすという計画が立てられました。さらにその後、利水や発電という目的が加わり、人吉市の球磨川下りの船が良好に運航できるようにということから、一定の水量を安定的に必ず流すという内容の「流水の確保」も加えられ、以上四つの目的を有する特定多目的ダムということになったわけです。

その間に五木村ではいろいろなことが起こっていたのです。約五〇年にわたることですから、当然のことながら反対もありました。一部の住民については、熊本地裁、福岡高裁まで裁判闘争を闘ったのです。しかし、結果的には和解勧告ということで決着がつきました。そして、その和解に応じてダム建設を前提とした生活再建・地域振興に関する協議をはじめたということです。

実は昭和三八年から四〇年、当時の佐藤村長は、五木の復興を陳情に行きました。「五木をなんとか助けてください」と陳情して返ってきた答えが「ダム」だったのです。これにはびっくりしたわけで、当時、私は高校生でしたが、そういう時代でした。したがって五木村の住民からすると、ダムを造るというのが本意ではないわけです。しかし、五木村を災害からなんとか助けてくれというお願いで何度も何度も行った答えが、意に反してダム建設で返ってきたということだったのです。その当時の村長以下、大変なご苦労をされたのです。

五木村が、ダムを中止したいと思いながらパワーが出なかった一番大きな原因は、途中から土地改良事業、特に川辺川ダムから水を引く利水事業が入ってきたことにあります。それまでの受益地とされるところは相良村、人吉から下流でした。ところが、利水事業が入ったことによって、山江村、錦町、今のあさぎり町のうちの旧深田村、旧須恵村、多良木町、ここが受益地になってきたのです。結果として、球磨郡全体の農業振興という課題も関わってきたということでありました。

そこで球磨郡町村会、人吉市長、熊本県知事等々いろいろな方々が、「もう五木村だけなんだ、五木村さえ同意してくれればダム事業が進展し、そのことによって治水と利水事業がなし得る。したがって五木村には是非同意をお願いしたい」という強い要請（力）がかかってきたのです。

このように、国と県ばかりでなくて、地域も市町村も、今日の状況を生み出す上で大きな働きをしたということになります。

「ダム推進」から突然の「ダム中止」へ――積み残された多くの「約束」

その後は周知の通り、潮谷知事によって、場所は相良村の体育館でしたが、第一回の住民討論集会が開催されました。私も討論集会には全部出席しました。この討論集会は、県がコーディネーターになり、ダムのことについて決めるのは様々な住民の討論を経た上で、という趣旨で始まったものです。結局、結論的なものが出るまでには至らなかったのですが、いろいろな意見が展開されました。その後、様々な方々がダムに異論を唱え、最終的には民主党政権下、当時の前原国土交通大臣が、「ダムは中止したい」という表明をされ、現在にいたっているというのが現状です。

その中で私ども、何が一番困るかといいますと、およそ二〇年前、やむなく「ダムを前提とした村の振興を図る」という決断を迫られ、その方向に踏み出さざるを得なかった、その重い決断を根底から覆す事態が、国や県、地元市町村によってなされたということです。

長い歴史の中で多くの約束事が交わされてきました。五木村と県、五木村と国、関係文書は積み上がるほどの量に上ります。それから、市長あるいは町村会、文書的なものはありませんが、いろいろな働きかけを受けました。政治力なるものも来ました。負担金までお出しいただいて五木村に同意を迫ってきたという実態があるわけです。五木村は、そんないろいろな約束事がなし得たうえで、村の振興を、ダムを前提としてやらざるを得ないという決断に至りました。そのことが良かったのか悪かったのかということではなく、その当時はダムを容認し、それを前提として村の振興を図るという選択しか残されていない状況になったのです。そして、最終的には平成八年一〇月にダム建設に同意することになったのです。

このことの前段では、平成七年から一年間かけ、県知事他、学識経験者を含め、ダム事業審議会が設置されました。一年かけていろいろな議論が交わされますが、この審議会の結論は「川辺川ダム建設は妥当である」というものでした。この結論も、五木村がダム建設に同意せざるを得なかった要因となっています。

そこで五木村は、もうダム建設に同意をした以上は協力するのが当然ですので、様々な行政施策の中身については当然ダム前提で進んできたということです。例えば、要求された水没地域の移転であるとか、代替道路をどうするか、あるいは整備計画の中身をどうするか。五木村の南小学校についても廃閉校しようとか、いろいろなところで約束を果たしてきたわけです。

しかしながら、一方の当事者であります県・国は、約束したことをなかなか果たしていただけないということです。その理由の一つは、国土交通省（当時は建設省）のダムを担当する河川局は治水が専門です。その河川局の仕事は、河川流域住民を災害から守る、あるいは良好な河川管理をするというのが目的です。一方、ダムによって水没して以降の住民の生活というのは、総合的な政策でなければいけないわけですから、河川局だけではそこまで期待できないのです。本来であれば国の様々な関係組織――総務省、厚生労働省、文部科学省等々が責任をもってやっていただくのが筋です。しかし、残念ながら今の国の組織というのはそうなっておらず、国交省河川局の対応に限られているということです。

そうなると、国交省は先に述べた目的以外にはなかなか手のつけようがないというのが実態なのです。熊本県においては、蒲島知事がダム反対表明をされましたので、県議会において「五木村振興条例」を作り、いろいろな手立てをやっていただいております。しかし、これもわれわれが期待・希望をするようなことにはならないということです。

人口急減・村財政縮小に伴う多くの困難

なぜそうなるのかと言いますと、村の財政規模が大幅に縮小したためです。その最大の要因は人口の減少です。五木村の場合は、昭和三五年当時の人口は六一五〇人です。ダム建設受け入れ当時も四五〇〇人であったのですが、この人口が現在、一二四〇人に急減しました。国が地方に代わって集めた税金を、地方に再配分して国土全体の均衡ある発展を図ろうという地方交付税制度があり、その交付金が市町村財政の大きな部分を占めています。この点は球磨郡の市町村は全部そうです。人口一人当たり二〇万円～三〇万円でしょうか、その年によって変わりますが、五木村ではその基礎となる人口が大幅に減ったわけです。そのことは、国からすれば当たり前の話ということになってしまいます。一方、国庫支出金や県支出金（主に各種事業にかかる補助金等）というものがあります。村が事業をすれば、何らかの資金、財政的な支援がついてくるという仕掛けがありますが、事業をしなければ来ないわけです。

それでどうなるかと言いますと、五木村では六七名いた職員を四五名まで落とすため、退職者の不補充ということでスリム化を図ってきました。その他、いろいろなことをやってきましたけれども、交付税交付金が減る中では、なかなか財政的には厳しい状態が続いています。

一つの事業をすると、事業に直接関わる経費については補助金をいただいたとしても（補助金に対応する事業費の村からの持ち出しがあります）、それに付随する人件費、事業のための用地や材料費、また地元との協議などいろいろなことで経費等、不可欠なお付き合い予算がいるわけです。しかし、そういうものについては補助していただけませんから、財政的には当然、非常に厳しくなるわけです。

そういうことがあるため、現在では、いろいろな振興計画を立てて実施中ですけれども、なかなかわれわれが思うような進展が見られていない状況にあります。これは県の責任もありますし、国の責任もあります。私たちは、もうひとつは川辺川ダム建設を強く押した市町村にも責任があると思っています。是非、市町村の皆さんにもご協力していただきたいと思っています。

困難に抗して地域振興を――国、県、地域の支援・協力に期待

そこまでが今までの非常に困った話です。しかし「困った、困った」と言っていてもしかたがありません。今後どうするかということです。

現在、水没予定地の利活用を国交省と熊本県にお願いし、進めていただくようにしています。なぜ水没予定地なのかと言いますと、五木村は非常に山間地ですから平地がありません。唯一平地があるのが、頭地周辺のいわゆる水没予定地です。その平地を使っていろいろな事業をやりたいということで、国・県にお願いし、事業を起こそうという計画を立てています。そして、一部の事業はすでに着工もしています。形としては国有地ですから国有地を村がお借りする――正式には、河川敷を占用させていただくという形です。その場合、当然占用料というものが発生しますが、それについては熊本県のほうに、「そこまでは勘弁してください」ということで、占用料は払わなくて良いという方向で近々協議を進めたいと思っています。

いずれにしてもこの場所を使って村の活性化をする以外には、なかなか人口増も実現できないと考えています。九州経済調査会の結果では、平成三〇年では五木村の人口は八〇〇人以下になるという

施設整備が進む頭地の「水没予定地」と完成した頭地大橋

予想であり、「創生会議」ではなくなるといった結果も出ています。

われわれからしますと、人口の半分を村外に転出させ、しかも途中でダム建設は止めたと言われ、その村が困窮し、村民が非常に不幸なことになるというのが一番困るわけです。そういう困難を克服するには、われわれも頑張るけれども、皆さんのお力で何とかしてくださいというふうにすることになるわけです。そういうお願をいしながら、今やっています。

いろいろな希望を持っています。例えば観光客で言いますと、建設容認・土地家屋買収前の一番多かった時期には一五万人ぐらいでした。今ようやく一五万人を超えて、多い時には一八万人、昨年は一六万七〇〇〇人でした。このように少しずつ交流人口が増えてきました。交流人口が増えることによって、いろいろな産業に波及効果が及ぶことを期待しているところです。

しかしながら、現実には少子高齢化が進んでいます。例えば、元々小学校は一六校ありましたが、今は小学校一校、中学校一校です。保育所も三箇所あったものが、今は一箇所だけとなっています。そういう中で何が起こるかと言いますと、小・中学校の児童・生徒、保育所の園児を運ぶ必要があるわけですが、その経費はどこから出るのかという話になります。それは村の財政で見る以外ないわけであり、財政負担が増えるという弊害があります。

あるいは極端な話があります。昨年のことです。どうしても野球をしたいという希望を持っている小学校六年生の子どもがいました。ところが、実は村の中学校では野球部を結成して野球の部活ができるような子どもの数がいないのです。意欲ではなくて数がいないのです。そういう事情ですので、その子どもはどうしたかと言いますと、お母さん方の親戚を頼って八代の学校にどうしても行くということなりました。これは一つの例ですが、そんなことで少しずつ人口減が進みます。ただ減っただけでなく、減ったことがまた人口減を進めるという現象が起こるわけです。

五木村の人口減少の深刻な中身を是非ご理解いただきたいと思いますし、われわれとしても今一生懸命やっているつもりですが、皆さん方のお力もいただきながら、いろんな形で村の振興を図りたいと思っているところです。

目指したいのは「産業観光」

五木村の観光については、「人吉の奥座敷」という話もあります。参考にしていきたいと思います。ただ、今私たちがやりたいのは、観光といっても単なる観光ではなく「産業観光」と呼んでいますが、

温泉施設「夢唄」に設置された木質ボイラー（頭地）

そのような方向で進めたいと考えています。観光が先でなくて産業の上に立った観光なんだと。

一例をあげますと、今、五木の温泉は木質ボイラーで加温しています。木を燃やして熱源をとっています。そうしますと、煙がもくもくと出るものですから、おいでになった方がそれを眺められて「五木の温泉はよかですもんな」と、「木で焚きよんなはって柔かですもんな」とおっしゃるわけですね。私から見ると「沸かすとは何で沸かそうと一緒だ」と思うのですが、そうおっしゃっていただくことは非常にありがたいことです。「そうですね。うちは一生懸命やっています」というふうに申し上げるわけです。そういう中で、五木の産物を買っていただく。人吉においでいただいたら五木にもおいでいただく、というようなことをお願いしたいと思っています。

今、人吉でも一生懸命、観光館、コンベン

ションセンターを作ろうとかいろいろなことで、五木のみならず広く、多様なことを考えておられます。われわれも同じ方向です。来られたお客さんには、できるだけ人吉、五木、水上、湯前、球磨村を含めていろんな所を回っていただき、消費もしてもらうということが大事でありまして、その企画を今一生懸命考えているところです。

「奥座敷」、「表座敷」どちらでもでもいいのですが、いずれにしても今、五木は泊まる所が少ないのです。五木で私は物産館の社長も務めているので、その立場から観光協会に、子守唄の披露を出来るだけ三時半か四時ごろにしなさいと言っています。なぜかと言いますと、一時か二時ごろになってしまうと宮崎や鹿児島に行ってしまう。ところが四時から四時半になりますと「人吉にも温泉がありますもんね」と。「そんなら宮崎までは遠かけん、人吉に泊まろうか」という話になるわけですね。お客さんを何とか引き止めておきたいという思いがあります。いろいろな知恵があれば是非教えていただきたいと思います。

治水の話については、私は長年役場の職員でしたので、治水についてもいろいろなことを考えていますが、今回は治水の話はしません。「五木村を何とかしてください」というお願いに話を絞った次第です。

「防災安全度」向上を目指すダムによらない治水対策を

人吉市長　田中信孝

ダム問題――中立から白紙撤回宣言へ

私は、平成一九年に市長に就任しますまでに、三回市長選に挑戦しました。それら三回ともダムに関しては中立を表明しました。ある意味反対を唱えたほうが、票が集まったのではと思います。では、なぜ中立なのかと。それは、私が五木の皆様方の思いというものを、その当時しっかりと受け止めていなかった。ダムや治水に対する知識も大変浅かった。また、人吉市民がどのようにこの川辺川ダム問題に関心を寄せ考えているのかというところも勉強不足であったためです。

人吉市長に就任しまして一年半、勉強しました。市民の皆様からご意見をいただくために公聴会も開き、意見書の提出もお願いしました。そしてその結果、平成二〇年九月二日議会の施政方針演説の中で、川辺川ダム建設計画の白紙撤回を表明したところです。五木村の問題も含めまして様々に非常に重い課題があります。首長が決断をするというのは、それなりの重大な覚悟が必要であり、ゆえに軽々に賛成とか反対とか言えない。そういう思いで、私はこの市長に就任するまでの八年間を歩んできたところです。

さて、昭和四一年当時は治水機能のみのダムでした。その後、農業用水、電源開発という目的が加わってきたのですが、平成二〇年の五月までには、農業用水も電源開発もその目的からはずれたわけます。

です。私は、昭和四一年当初の治水対策だけに戻ったということが非常に大きいと、今でも思ってい

市長就任以来、一年半の間に勉強もしましたけれども、やはり一番大きかったのは市房ダムはもちろん、九州・中国・関東各地方のダムの見学に行ったことです。ただ単に施設の見学に行ったわけではありません。ダムの上流、中・下流の皆さん方は、ダムができた後どのような感想を持っておられるかを、丹念に聴き取り調査しました。その中には島根県にある穴あきダムの益田川ダムも含まれていますが、住民の皆さんは、一様に自然環境の大きな変化を口にしておられます。私は、このようなダムの上流、中・下流にお住まいの住民の皆さんの声が、やはりダムというのは自然環境を損なう施設であるということの証だと思ったところでした。

先ほど触れましたが、人吉市民の考えを聞くべく公聴会を開催したり、意見書の提出も求めたりもしました。結果、ダム賛成者は人吉においては少数であり、市民の多くが、「ダムは作らないでほしい」と思っていることがわかったわけです。また球磨川の経済効果や、熊本日日新聞が実施したアンケート調査も参考にさせていただいて、白紙撤回を表明したところです。

後は、五木村長が様々な場で常に強調されているように、ダムに対する賛成・反対で翻弄された五木村の振興が、最大の課題となっています。

「治水安全度」――過信が災害拡大に？

「ダムによらない治水を検討する場」はこれまでに一〇回開催されています。ダムによらない治水対

策は、一二の市町村と国・県とで現在考えられる極限まで検討された結果、各地での住民説明会となったところです。先般、人吉でも開催されましたが、ダムによらない治水対策を全て実施した後、人吉の九日町地区、紺屋町地区、あとは薩摩瀬・温泉町地区の治水安全度は五分の一から一〇分の一という発表がなされています。人吉市内の住民説明会で、治水安全度がこれでは低いという発言をされた方がおられます。では、何分の一だったら治水安全度というのは満足されるのかと思いました。

川辺川ダムの計画では、球磨川に八〇年に一度の雨が降り水が流れたときに、人吉地点で毎秒七〇〇〇トン流れると計算されています。その七〇〇〇トンのうち、川辺川ダムで二四〇〇トン、市房ダムで六〇〇トン合計三〇〇〇トンをカットして、四〇〇〇トンを流すという計画です。

では八〇分の一ならば安全なのかということですが、一〇〇年に一度、二〇〇年に一度の雨が降ったらどうするのか。すなわち、八〇分の一の治水安全度でどのように対応できるのか、ということです。治水安全度、これは確かにわれわれにとっても、大切な指標にはなると思います。

そして将来、仮に「八〇年に一度の洪水を止めることができるダムができました」というふうに大々的に報道されるとします。そうすると、中にはこれで八〇年間洪水は止まったと、だからこれで安心だという方々もいらっしゃると思います。でも八〇年に一度というのは実は明日来るかもしれない。自然災害の事は誰にもわからない。さらに一〇〇分の一、二〇〇分の一が来たときにその洪水施設というのは役に立つのかということです。私はかえって、人々はその洪水施設への安心、信頼度から危険な目にさらされるのではないかという危惧を覚えます。

東日本大震災の場合、万里の長城のような防潮堤がありました。高さ一〇メートルです。建物の三

鹿児島県川内川鶴田ダムの非常放流（平成 18 年 7 月の集中豪雨）

階建てぐらいです。こんな巨大な防潮堤があり、その上、当時の気象庁の発表も津波の高さは三メートルから四メートルというものでしたから、当該地域の方々はまあ大丈夫だろうと思われたと思います。よもや一〇メートル、二〇メートルという津波が来て、巨大な防潮堤をいとも簡単に乗り越え破壊していくとはだれも想像ができなかった。しかし、もし、「この防潮堤は危ないですよ、どんな津波が来るかわかりませんからその時逃げましょうね」というようなことが周知されていればどうだったのでしょうか。

私は、「この堤防は危ないですよ。この治水対策を全部実施しても、この球磨川は危ないんです。だから万が一の時は逃げましょう」という意識を醸成したほうが、水害時における死者はゼロになると思っています。「八〇分の一」という表現には私も安心してしまいます。自分が生きている間は絶対洪水はもう来ないと。こういう意識にかられるのが人間ではなかろうかと思います。

そこで平成一八年の七月、鹿児島県川内川流域にもたらされた豪雨災害は、五日間で一〇〇〇ミリ、途方もない集中豪雨となりました。川辺川ダム関係の治水施設は八〇分の一の計画ですが、川内川では、あと二〇年分多い一〇〇年に一度の計画降雨量だったのです。その想定は、一二時間で降雨計画量の二八六ミリとなっていましたが、この平成一八年の出水では、一二時間で三一五ミリを記録しています。二日間で六五七ミリという大きな雨となったわけです。

これは国土交通省の発表したものですが、球磨川流域で同じ雨を降らせたらどうなったかというシミュレーションの結果、八〇年に一度の想定で考えられている人吉地方の基本高水流量七〇〇〇トンを遥かにしのぐ、一秒間に七八〇〇トンの水量が流れたであろうと言われています。川内川流域に停滞した雨雲がもしこの人吉地方で降ったとき、七八〇〇トンの流量が球磨川やこの人吉地点に流れ込んで来ると仮定すると、基本高水七〇〇〇トンを想定したダムの効用は、いかがなものかということにもなるわけです。

破堤させない堤防づくりを

国の、ダムによらない治水対策の説明を受けまして、その追加実施する対策も昭和四〇年の水害が発生した場合、人吉市の水害常襲地帯では床上・床下浸水が残るというふうに説明がなされています。これが、破堤する（堤防が壊れる）ことを前提にした床下浸水・床上浸水です。当然、破堤を前提に最悪の状態を前提にしなければならないというのは当然のことです。

人吉市九日町付近の球磨川の堤防とパラペット

しかし、「破堤をしたら、常襲地帯では床下・床上浸水になります」ということであれば、私は、破堤させなければいいのではないかと考えてしまうわけです。破堤を防止するための丁寧な年次点検をやっていき、洗掘したところはもう一度掘り起こしてやり直し、ひびが入ったところも手当てをしながらやっていけば、これも治水安全度に入るのではないかと私は思っています。言い換えれば破堤しないということが大事だと。

もし破堤しないと仮定すれば、昭和四〇年七月と昭和五〇年七月の水害規模の水量は、ダムによらない治水対策案を実施した後も、現在の河道を流れることになります。

これは実際に計算してみた結果です。昭和五七年七月の洪水は、河道から五メートル〇七センチの所に来ています。この堤防についてのいわゆる計画高水位というのは四メートル〇七です。そうすると、堤防の構造令によれば計画高水位からパラペット、天端までの余裕高一メートル〇五センチということになっています。一メートル〇五の余裕があることになります。五メートル〇七であれば、今の堤防の天端、パラペットの三六センチ下をかろうじて流れます。昭和五七年、昭和四〇年の水害であれば、今のパラペット、天端から下六九センチの所を流れることになっています。このような結果からすると、水は河道内を流れるのではないかと考えます。

では、もっと安心して余裕を持つために、さらにパラペットを、今の一メートルからさらに五〇センチ積ませてください。そうすればさらに五〇センチの余裕ができ、昭和五七年でも八九センチの余裕、昭和四〇年七月でも一メートル一九センチの余裕になるわけです。

しかし国土交通省によりますと、パラペット、天端というのは波返しであって、堤防の洪水予防施設ではないということになるわけです。私のような治水の素人は、そのパラペット、波返しを厚くして高くすれば、それで洪水予防になるのではないかとも考えているところです。

「防災安全度」を高めることこそ行政の責務

現実に、先に触れた平成一八年七月の鹿児島県川内川流域豪雨災害が起こっているのですから、一〇〇年、二〇〇年に一度の大水害も考えられるわけです。したがって私は、これからは、何よりも災害時死亡者ゼロを目指していきたいと思っています。水害時死亡者ゼロ、土砂災害死亡者ゼロ。これを実現するのが行政の役目ではないかと考えます。

二〇一四年八月の広島市北部の土砂災害では大勢の方々が命をなくされました。これらの方々のご冥福をお祈りするとともに、被災された方々にお見舞いを申し上げたいと思います。特に、二歳と一歳のぼうやたちのお葬式がありましたけれども、本当に痛ましいことです。何としても命だけは守りたいという思いを改めて強くしました。

これまで五〇年間、人吉で水害による死亡者は残念ながらお一人おられます。しかし、この人吉全体で土砂災害によって亡くなられた方はその数十倍あると思っています。今後われわれ行政の役割は、治水安全度というものも一つの基準としながら、災害時死者ゼロを目指すべきであると考えています。

水害の時、八〇分の一で安心して逃げない。そういう洪水施設がいいのか。それとも、この流域の治水安全度は五分の一、一〇分の一で非常に危険ですよと。行政が避難勧告・指示を出したらとにかく逃げましょう、そのための訓練やソフト対策も行います、災害弱者対応もきちんとやります――そういったやり方のほうが命だけは助かる。私はこちらの方が大切だと思います。

気象予報の精度が最近とみに上がってきています。これらの予報をいち早く分析・予測し、明るいうちに避難することが大切です。五年前、兵庫県佐用町の豪雨時では午後八時以降に避難指示が出ました。その指示にしたがって、家族で避難所に歩いて避難をしている途中に、豪雨のため、どこが水路か、どこが道かわからない状態だった。その上、夜ですから、懐中電灯で照らしても先が、境がよくわからない。残念ながら、その時も水路に足をとられて中学三年生の女子が亡くなっておられます。

だから早め早めの避難勧告・指示、早め早めの予防的な避難が必要なのです。これが、命だけは守るという方法ではないかと思っています。先ほどの治水安全度とプラス避難計画を併せ持ち、それを組み上げて訓練し、さまざまな対応策を総合的に評価する。今後はそのような、いわば「防災安全度」という新しい基準を作るべきでないかと私は思っています。

治水安全度ということだけに頼らない。その町のソフト対策――命を守るための安全度として、総合的な判断を下すための新しい基準を作っていく必要があるという私の提案です。

次は、この提案を今後どのように具体化していくのかということです。その前提として人口減少を如何に緩め、止めるのかという課題に取り組む必要があります。日本全国が少子高齢社会へと急速に移行する中、人吉市では一年で四〇〇人ずつ人口が減っていっており、一〇年で四〇〇〇人に上ります。単純計算では、八五年後には三万五〇〇〇人全員いなくなり〇《ゼロ》です。そうなれば、あるのは空き家と墓場だけという事態に至ります。そうならないようにさまざまな対策を打っていますが、要は、「雇用なくして定住なし」で、地域に雇用がないとどんどん人口は減っていきます。中心市街地をご覧になっても、よくおわかりだと思います。防災も含めていわゆる根本的なまちづくりから、もう一度見直していかなければならないと考えています。

そのことを抜きには、防災計画の〝け〟の字もできません。消防団がいない。これをどうするのか。そこで人吉市は、市民の安全を守りたいという隊の組織にとりかかりました。今のところはまだ一名ですが、各町内の四〇歳を過ぎて消防団を退団した方々にお願いして再組織し始めています。市民の命を守りたいという方々に万が一の時は災害弱者の人たちを連れて逃げていただく、そのことだけをお願いする隊です。これから、各町内に四人、五人、一〇人と作っていきたいと思っています。もちろん予算の裏付けをした上で、です。

それから、(東日本大震災の際の)釜石東中学校の話です。中学生たちが全員で逃げ出し、小学生も保育園児も逃げ出し、その中で中学生たちは保育園児を背負い、小学校高学年は一年生、二年生の手を引っ張り、そして逃げて行く途中のお年寄りも一緒に連れて、そして避難が終わった所には、「避難しました」という紙まで貼っていくという行動をとりました。そしてお父さんお母さんなど大人がいない中でも、その地域全員が助かったという奇跡的な話があります。これはまさに訓練の成果です。

ここから学ぶべきことは、小学校・中学校も含めた徹底した訓練を今後やっていかないといけないということです。そういういざというとき、自助、共助の大事なことがしっかりできるよう、計画と意識付けと、そして実践訓練とを徹底してやることが不可欠です。そのためには人の力が必要です。これは防災安全度に関わる一つの例ですが、根底には雇用の場をどう確保していくのかということも併せて、地道に進んで行きたいと思っています。

ダムによらない治水対策――いよいよ人吉市の番

さて、国（国土交通省）におかれましては、球磨川最下流の八代市から球磨村まで、事実上のダムによらない治水対策を鋭意進めてきていただいています。このことについて、私は心から感謝すべきだと思います。球磨村では、堤防や宅地の嵩上げがどんどん進み、昨年は球磨川渡の小川地区に導流堤ができました。加えて巨大なポンプが三つ設置されております。同じ流域に住む者として大変ありがたいことだと思います。

これは原則中の原則ですが、治水対策というのは最下流から始めていくものです。もし上流から始めていったら、下流の人たちは多大な被害をこうむります。そして、最下流からやっと人吉まで来ましたので、ダムによらない治水対策をぜひ実施していただきたいと期待しています。そして、五分の一、一〇分の一の治水安全度とされていますが、私としてはそのことに加えて、破堤しない対策も治水安全度に入れていただきたいと思っています。そして、われわれ行政としては、地域の皆さん方と協力して、とにかく、その地域住民が安全に逃げることができる体制作りをする。それを総合的に勘案して防災安全度というものを、土砂災害についてもこの防災安全度を徹底して高めて、災害時死者ゼロを実現していかなければならないと思っています。

また県におかれましても、ソフト対策事業として一〇億円の基金を予定されているとおうかがいしています。今後、国・県に連携していただき、私たちをご指導いただきたいと心から思うところです。

「ダム建設推進協議会」から「五木村再生促進協議会」へ

次に、五木村のことです。和田村長はじめ五木村民の皆様にはご迷惑をおかけしています。

ところで、先般の川辺川ダム建設推進協議会の席上、元五木村長の西村久徳同村議会議長がこうおっしゃいました。「ダムによらない治水対策が徹底されたならば、この促進協の看板を書き換えて、五木村再生促進協議会とすべきだ」と。私も大賛成です。是非白紙撤回を表明した一人として、今後も五木村の振興にはお役に立っていきたいと思っています。

そして、人吉・球磨、芦北・八代一二市町村が力を合わせて五木の振興に向けて進んでいきたいと思っているところです。

ダムによらない治水を実現するにはどうすればいいのか

京都大学名誉教授　今本博健

私が川辺川ダムに興味を持ちましたのは、関西にいて聞こえてくる、川辺川ダムがもしできれば最大の受益者は人吉市民なのに、その人吉市民が川辺川ダムに対して最も強く反対しているということでした。「本当かな、なぜだろう」というのが私の最初の疑問でした。そして是非行きたいと思っていたところに、たまたまフリージャーナリストの高橋ユリカさん（故人）からお誘いをいただき、ついてきたのが最初でした。

先日、広島で土砂災害が起こりました。災害で亡くなられた方のご冥福をお祈りいたしますとともに、被害を受けた皆さんにもお見舞いを申し上げます。そういうことで、改めて、人の命というものを考えながら述べていきたいと思います。

ダムを推進する根拠となってきた「定量治水」

かつての治水は「できるだけのことを目一杯する」というもので、私はこれを「対応限界治水」と呼んでいます。これが明治まで続いてきました。明治政府になってから、河川の治水を国がするようになりました。それまではそれぞれの地元がするものでした。明治政府は、「対象洪水を決めて、それに対応した対策をする」という方針をとりました。これがいまだに続いています。私はこれを「で

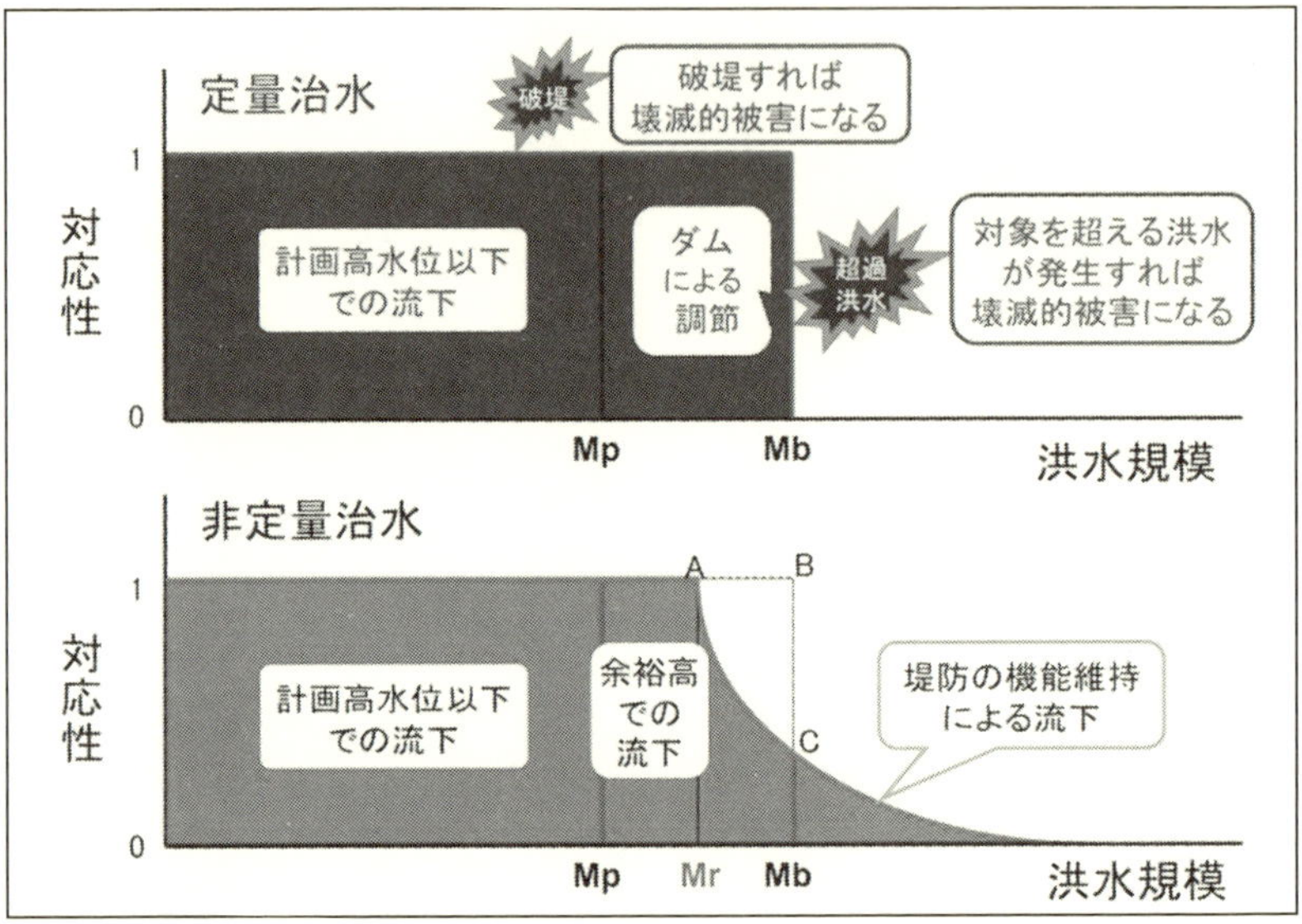

図1 定量治水と非定量治水

きる対策からしていく」という治水に変えたいと思っています。

治水対策の具体的な方法にはいろいろありますが、大きく分けて、「溢れさせない対策」と「溢れた場合の対策」とに分けられると思います。

洪水というのは溢れさせないようにするのが一番いいのですが、到底無理です。いつかはどこかで必ず溢れます。できるだけ溢れさせないために、対象洪水を決めてそれに対応した対策をすれば、対象洪水以下では溢れないようにできますが、それを超えたら溢れます。できるだけのことをする治水も同じです。どのような努力をしても、溢れる時は溢れます。

私は、治水の方式を「定量治水」と「非定量治水」に分けています。「定量治水」は、「対象洪水を設定し、洪水を河川に封じ込める」ようにするもので、代表例は河道とダムで対象洪水に対応しようというものです。これが今の国交省の基本方針になっています。このやり方は基本高水を超えるような洪水があれば破綻します。計画洪水流量より小さな洪水でも破堤すれば破綻します。それに比べて、非定量治水は「対象洪水を設定せず、できる対策を順次積み重ねる」ようにします。代表例は堤防を補強するのを最優先とするものです。この方法では、破堤さえしなければ被害は全然違ってきます。

どちらがいいかは一概にいえません。ダムによる定量治水と堤防補強による非定量治水を比較しますと、対応性と洪水の規模との関係では、定量治水は図1のA、B、Cに囲まれた部分にも対応しますので定量治水が有利です。しかし、基本高水を超える一方、治水安全度と時間の関係で比べますと、定量治水では、例えばダムができたら途端に治水安全度は上がります。ただし、それまでにずいぶん時間がかかります。これに対して非定量治水では、できる対策を積み重ねていきますと、少しずつですけれども上がっていきます。

すべての対策が完成した時点で比較します。そのときの治水安全度で比べますと、ダムを用いた定量治水による治水安全度の方が上です。これがダムを推進する根拠です。ダムしかないかと思ってしまう一つの要素です。

ところでここで言う治水安全度というのは、国交省が定めた基準による治水安全度です。治水安全度はおかしいのだから防災安全度に変えようという話がありますが、私も変えたほうがいいと思います。

ところが、明治に河川法ができて以来、ずっとこれできました。「治水安全度というものが高ければ高いほどいい」と私たちは思い込まされています。確かにこの論理に私たちは非常に弱いわけです。しかし、治水安全度というものがいかにおかしいかということは、人吉市の場合でも明らかです。例えば人吉市の治水安全度は、国交省の計算によれば五分の一から一〇分の一、つまり五年か一〇年に一回は被害を受けるとなっています。それでは、この五〇年間でいえば、国交省の計算だと五回から一〇回被害を受けていていいはずです。実際はどうでしょう。ほとんど被害は受けていません。いかに国交省の治水安全度というものが、実態と離れてしまっているかがわかると思います。

ここのところを改めない限りどうしようもないのですが、これだけ長い間、「治水安全度、治水安全度」と言われているものですから、なかなかそれから抜け切れません。とくに河川工学者はそれから抜け切れていません。治水のあり方について真剣に考えようとしない学者の責任は重いのです。

ダムはごく一部の洪水に対して有効なだけ

では、ダムによる治水安全度の実態とはどういうものなのか。実はダムというのはごく一部の洪水に対して有効なだけです。基本高水を超えたら当然、ダムがないのと全く同じです。計画洪水流量までは、河道だけでもちますからダムはいりません。つまりダムが役立つのは、計画洪水流量を超えて基本高水までのごく一部の洪水に対してだけです。そういうごく一部のドンピシャのような洪水が発生するという可能性は、実は非常に少ないのです。

ですから、日本に現在九〇〇基ほどの治水を目的に含むダムがありますが、私は、極端に言えば、ダムが本当に役立ったことは皆無と言っていいほど少ないと思います。国交省は必死になって、毎年

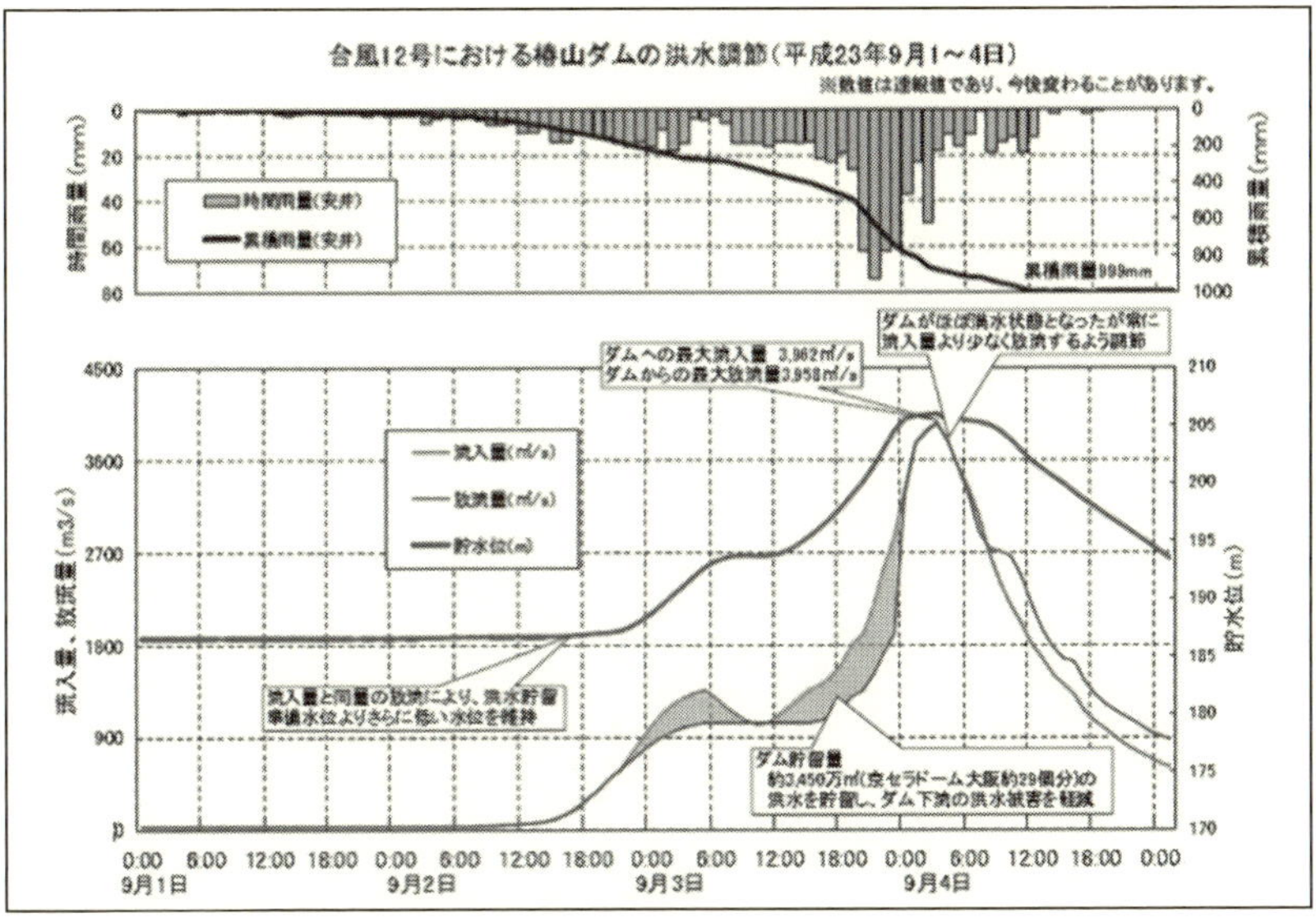

図２　「ただし書き操作」による流量の急増

これだけ役に立っているとホームページで誇示しています。国交省が毎年役に立っているというのは、多くはダムがなくてもいい程度の洪水に対してばかりなのです。

例えば、二〇一一年に紀伊水害というのがありました。和歌山には治水用の県営ダムが三つありましたが、三つとも満杯となって、何の役にも立ちませんでした。ところが、河川管理者和歌山県は、「ダムに貯まった分だけ氾濫水量を減らした」と。あまりにも姑息です。一ミリか二ミリ氾濫の水位が低かったからといって、そんなことは被害者に言わせれば、何の意味もありません。

ダムは「空振り」と言って、雨域が集水域をはずれることがあります。ダムがコントロールできるのはその集水域に降った雨だけです。最近はゲリラ豪雨ということで、非常に集中的に降る雨が多いのです。もしそれが集水域をはずれたら役に立ちません。つまり役に立つかどうかは、雨の降り方次第なのです。

これは少しわかりにくいかもしれませんが、ダム管理には「ただし書き操作」というものがあります。ダムに水がどんどん貯まってきて満水状態に近くなりますと、調整するのを止めます。はじめのうちは放流量を流入量より少なくして調節しているのですが、満水に近づいてくると放流量を流入量と同じにします。下流からすれば、それまで調節されていたのが突然調節されなくなり流量が一挙に上がります。こういうことが市房ダムで起きたわけです。

ですからダムの操作規則から言えば、市房ダムはまともな操作をしていたのです。間違った操作をしていません。にもかかわらず、住民側から見れば逃げる余裕もないほど急に流量がふえたので、間違っているのじゃないかと言いたくなるほど、おかしなことになったのです。これがダムによる洪水調節の限界です。

ダムは大洪水一発でほとんど砂が溜まってしまう

さらに堆砂の問題があります。ダムにはかならず砂が溜まっていきます。穴あきダムには砂が溜まらないと言いますが、そうはいきません。穴あきダムは今のところ全国に三つしかありません。そのうち四つ目ができますけれども、そういう歴史の浅いものですから、大洪水を経験していません。益田川ダムも、できてから大洪水を経験していないのです。先日、見に行きましたが、それでも、まだ少しですが砂が溜まっていました。

国交省などダムの管理側は、ダムに毎年少しずつ溜まっていくということで計算していますが、実

郵便はがき

料金受取人払郵便

神田局
承認

1010

差出有効期間
平成28年2月
28日まで

101-8791

507

東京都千代田区西神田
2-5-11出版輸送ビル2F

㈱花伝社 行

お名前《ふりがな》
お電話
ご住所（〒　　　　　　　） （送り先）

◎新しい読者をご紹介ください。

お名前《ふりがな》
お電話
ご住所（〒　　　　　　　） （送り先）

愛読者カード

このたびは小社の本をお買い上げ頂き、ありがとうございます。今後の企画の参考とさせて頂きますのでお手数ですが、ご記入の上お送り下さい。

書 名

本書についてのご感想をお聞かせ下さい。また、今後の出版物についてのご意見などを、お寄せ下さい。

◎購読注文書◎

ご注文日　　年　　月　　日

書　　名	冊　数

代金は本の発送の際、振替用紙を同封いたしますので、それでお支払い下さい。
（2冊以上送料無料）

なおご注文は　FAX　03-3239-8272　または
メール　kadensha@muf.biglobe.ne.jp
でも受け付けております。

佐久間ダムの堆砂状況（2007-3-4今本撮影）

図３　ダムの寿命：堆砂により治水機能は低下し、いつかは消失する

はそうではないのです。大洪水が起きて山が崩れ、それが一挙に押し寄せる。それ一発でほとんどが溜まってしまうのです。これがいつ起きるかはわかりません。

ダムができて、今一〇〇年近くになります。古いものは一〇〇年を超えています。ずいぶん砂が溜まっているダムがあります。特に大正から昭和にかけてできた天竜川沿いの発電ダムは、ほとんどが満砂状態です。発電ですから落差さえあればいいということで今も発電を続けていますけれども、これが治水用や利水用のダムだったら、もう役目を終えたということになります。

今から三〇〇年後と言えばずいぶん先のことと思うかもしれませんが、三〇〇年といえば案外短いのです。私はこの国が三〇〇年後になくなるのだったら、この地球が三〇〇年後になくなるのだったら、「どうでもいい、勝手にやってくれ」と思います。しかし、この国はもっと続くのです。続いてほしい。そうなったら、今のダムのほとんどは駄目になります。あるだけで砂が溜まって役に立ってない。おそらくダムを撤去するお金もなく、どうしようもないということで、海岸だけがやせていくという状態になると思います。

ダム中止に大きな首長の力

ダムを中止させることは、たとえそれが無駄なものでも非常に難しいです。今までできた例というのはほとんどありません。住民の方が反対するということで、止まったダムもほとんどありません。裁判で止めたというものもありません。唯一首長さんが反対したら止まります。

では無駄なダムを止めるには具体的にどうしたらいいのか。

治水安全度で決めるという考え方を変えるのが一番いいのですが、これは首長といえど、どうしようもありません。このため、治水安全度を国交省の基準で決めるのではなく、流域の特性を考慮して、誰もが納得できるものに設定するようにすべきです。

治水安全度を設定すれば基本高水が決まりますが、この段階での恣意性を排除することが重要です。そして流下能力の評価にも問題があります。計画高水位だけで画一的に評価するのではなく、実力を考慮することが重要です。

経費を正しく見積もることも大事です。ダムを有利に、河川改修を不利に見積もることが横行しています。そうしたなかで二〇〇一年に鳥取県の中部ダムが中止されました。当時は片山（善博）さんが知事でした。その時に、ダムと河川改修とを比べたら、原案ではダムがはるかに安くなっていました。河川改修は高かったわけです。片山知事は職員に「もう一度計算し直してくれ。これまでの責任は問わないけれども、次に間違ったら責任を問うぞ」ということで計算し直したら逆転したわけです。

そこで中止しました。

次は滋賀県の例です。滋賀県で嘉田（由紀子）さんが知事になったときに、全国の知事会で片山さんに会われてその話を聞いたそうですが、滋賀県では効果が発揮されるまでの時間に目をつけました。滋賀県では「ダムにお金を回せば他の河川の改修が一切できなくなる。どうしよう」ということになったのです。これは考えなければならないということから、先ほどの例は経費だけでしたけれども、今度は横軸に経費を、縦軸に治水安全度をとりました。もしダムをつくるとすれば、治水安全度は高くなりますが、河川改修を加えないと長期目標には届きません。これだといつ目標に届くかわかりません。その間、他の河川にお金を回す余裕ありませんから、放置することになります。そういう方法で行くのか、あるいは河川改修を先にして取りあえずの安全度を確保し、ダムを後回しにするかということです。期的な治水安全度を三〇分の一というかなり低めに設定しますと、河川改修でもいけるということで、河川改修を先にすることにしました。当時三つの県営ダム計画があったのですが、三つとも中止しました。嘉田知事は、県内の国がつくるダムにも負担金の割に効果が小さいとして反対されました。

このように、知事が正しい判断をすれば、ダムは中止されるのです。

地域の宝を子孫に残すダムによらない治水対策を

次は治水安全度から視点を変えようということについてです。二〇〇一年に田中康夫さんが長野県で「脱ダム宣言」というのを出されました。なぜ「脱ダム宣言」をされたのでしょうか。田中康夫さんは「よしんば河川改修費用というものがダム建設よりも多額になろうとも、一〇〇年、二〇〇年先のわれわれの子孫に残す資産としての河川・湖沼の価値を重視したい」と言っています。私は「治水安全度だけでダムを評価してはならない。河川・湖沼がそこに存在することの価値も重視するべき」と受け止めています。河川・湖沼の価値を重視して、長野県のダムを止められました。しかし、知事が変わった途端に変わりましたが。

同じ流れを田中（信孝・人吉）市長さんが引き継いでおられると思います。田中市長は「球磨川は子孫に残す宝物」と表現されています。二〇〇八年九月二日に言われているのですけれど、この表明がなかったら蒲島知事の発言は変わっていたのではないでしょうか。人吉市長の発言に知事は引っ張られたと思うのです。市長は「子孫に残す宝」、知事は「地域の宝」と表現を少し変えただけです。

いずれにしてもダムによらない治水を実現するためには、これまでの治水安全度の実力で評価すべきだと考えています。環境の影響だとか地域の宝だとか、そういったものを総合して決めていくべきではないかと思っています。

私は河川工学を四〇年ぐらい勉強してやっと、「治水安全度の実力」にたどり着きました。しかし、それを超える「災害時死亡者ゼロを目指す防災安全度」という考え方が提起されていると聞いています。一研究者としては非常に悔しいことですが、このような進んだ考え方が出てきたことについては、むしろ感謝したいと思います。

球磨村渡に設置された内水排水ポンプ場

球磨村渡の「治水対策事業」は大いに疑問

九州地方整備局と県は、「ダムによらない治水を検討する場」で、すでに一〇回の検討をしています。「直ちに実施する対策」と「引き続き検討する対策」を選定しています。

対策は下流からされていますので球磨村の次は人吉ですけれど、人吉は飛ばされるのではないかと心配です。それは、先日、球磨村の内水対策を見たのですが、これは洪水対策ではありません。洪水対策というのであれば、当然人吉を先行させないといけないと思うのです。人吉が希望するパラペット対策に難色を示しているようですけれども、そういう国交省の基準というものを止めて、命を守るということを最優先にした対策にしてほしいと思いました。

渡地区を見て絶句しました。その地域には内水排除のためのポンプがたくさんあります。しかし、実際に洪水が氾濫をしたら、それらはか

球磨村渡、小川合流点に設置された導流堤

なり詰まります。洪水の水にはゴミがいっぱい入っていますが、そのことに対する対策は全くなされていませんでした。したがって、一見ピカピカでいいように見えますが、実際に浸水した時の排水能力は、公称の何分の一かになるのではないかという危惧をおぼえました。

もう一つは導流堤です。きれいなことを言っていますけれども、住民用の説明会で配られた資料の実験の様子を見ますと、設置する前と設置した後というのが出ています。設置する前はいいのですが、設置した後というのが実は設置されていないのです。写真では導流堤の模型を手で持っているだけです。ですから、あの導流堤がどういう効果があるのかよくわかりません。

実は私はそのような類の実験を現職中ずっとやってきました。写真を見た感じで言いますと、実験された結果がないものですから正確には言えませんが、洪水の流量が小さい時にはおそらく効果が出るでしょう。実験の目的はあの場所に入っている小川（球磨川支流の名称）の水位を下げるためだというのです。そのために球磨川の本流の合流部分の水位を下げて、小川の水位を下げようというのですけれども、なぜ、そのような間接的な方法をとるのだろうと思いました。小川の河床を、例えば一〇センチ削ったら一〇センチ確実に下がります。あの導流堤では一センチ下げようと思ったら至難の業です。

おまけに、洪水というのは水だけではありません。土砂が来ます。あのように変にカーブさせれば、そこに必ず土砂がたまります。土砂がたまれば、堰上げでかえって掘くなります。

私はあの様を見て、「今の国交省のレベルは落ち過ぎてるぞ。国交省何しとるんだ。お金を使うのは得意かもわからないけれども、効果のない仕事をしているんだ」と言いたくなります。どういう対策をとればいいのかということも、考える段階から地元の人だとかいろいろな反対派の人の意見も入れて、そういう中で練っていかなければ、非常に効果のないことをしてしまうことになります。

せっかくの税金なのに、全体で九億円とか聞きましたが、あの状態ではほとんど効果はありません。球磨村の皆さんには申し訳ないですが、あれよりもっと良い対策があるはずです。人吉に順番が回ってきた際には、絶対もっと効果のあることをするように要求してください。

「身の丈にあった」利水事業の実現を

川辺川利水訴訟原告団長　茂吉隆典

「北部利水を考える会」まで

私たちが「身の丈にあった」利水事業を考えるまでには随分と長い時間がかかっている。川辺川ダム前史ともいえる話を聞いて欲しい。現在では川辺川ダムというが、昭和四一年ころは「五木ダム」と言っていた頃である。

昭和四一年になって、昭和三八年・三九年・四〇年と続いた川辺川・球磨川の水害対策として「五木ダム」建設計画が打ち出された。しかし、五木村が反対をするという中で、昭和四三年、熊本県はダム計画に利水目的を入れることを推進する。これによって、建設省（現国交省）は、治水専用ダム計画を特定多目的ダム計画とするに至る。この時まで、下流域の農家にとっては具体的な動きはなかったといえる。私たちもこうした動きを直接は知らなかった。しかし、下流域の農家がダムの水を欲しいというキャンペーンの中で、五木村の人々は孤立させられたのである。この事実は、無知であることは容易に他人に利用される、ということを示している。今後、大いに反省しなければならないことである。

しかしながら、昭和四五年に稲作の減反政策が始まり、川辺川ダム建設問題で迷走が始まった。当時、川辺川の水を欲しがっていた相良村を中心とする高原《たかんばる》台地の人たちは水田を作りたがっていたのである。この人たちは、戦後外地から引き揚げてきて火山灰台地という不毛の土地への入植をさせられ、塗炭の苦しみを味わっていた。したがって、水田の減反政策を前提とするのであれば、この時に、国営利水事業を川辺川ダム建設の目的に加えることを断念すべきであった。

ところが、昭和四七年には、国営川辺川総合土地改良事業組合、川辺川地区開発青年同志会が作られ、水田ではなく畑地灌漑《かんがい》を目的に、あくまでダム造りをめざす方向が取られる。当時、畑地灌漑に従事している農家はこの地域では極めて少数であった。これでは「始めにダムありき」でしかない。しかし、この時も、私たちには直接関係がなかった。あくまでもダムを造りたい推進派の恣意的な対応であった。

しかし、五木村や相良村の地権者たちはあくまでダム反対を主張し、昭和五一年にはダム計画の取消しなどを求めて裁判が熊本地裁に提起された。この時も、利水問題は棚上げであり、この頃の新聞記事では迷走する川辺川総合土地改良事業組合はどうなるのかと報道される有様であった。

しかし、昭和五五年、裁判は地権者側が敗訴し、昭和五七年には福岡高裁で和解が成立し、ダム推進路線が再び大手を振って推し進められた。

昭和五八年、球磨郡多良木町黒肥地に住む農民を始めとする三四人が申請人となって国営利水事業が農家の申請を装って始まった。後になって、新聞報道でやらせであることが暴露される（一九九九年七月九日朝日新聞）。しかし、昭和五八年から昭和五九年にかけて、国営川辺川総合土地改良事業の当初計画が下流域農家のほとんどの同意で成立した。しかしながら、この時も、地域のボスとダム推進の行政との間で密約が交わされ、計画が具体化されれば事業対象地域から外すとの合意が書面でなされた。まさに、農民不在であり、私たちは、「由らしむべし、知らしむべからず」という江戸時代の農家同様の扱いを受けていたのである。

ところが、国営土地改良事業は遅々として進まず、平成五年には変更計画の話が持ち上がった。この段階で、やっと相良村を中心とする主に水田農家は、水代はタダだと行政は言うが本当かとのことで「北部利水を考える会」が発足した。こうして、私たちはダム利水について当事者として考えることになった。

裁判に至るまで

どうも水代はタダではなさそうである。外国産の農産物がどんどん輸入され、少子高齢化という農業離れの中で、水代という経費がどれだけかかるかも分からない。そこで私たちは、疑問を持って、変更計画には同意できないという立場を取った。ダム利水は水代がかかる。国営利水事業計画は、ダムの水をポンプ・アップを前提に、水を一旦高原台地に揚げ、それを球磨川本流の上流側にある多良木町などの農地や、下流ではあるが人吉の上原田台地などに配るというものである。そのランニング・コスト（維持経費）がどうなるのか心配である。そもそもダムの水は特定多目的ダム法で有料であり、国営事業で水利施設を作る費用も土地改良法上無料にするとの法的手続きは取られていなかった。

しかも、変更計画が事実上始まった平成六年は、一〇〇年に一度といわれる記録的な渇水である。それでも川辺川の水は枯れなかった。

しかしながら、国営利水事業は、その川辺川（ダム）の水を当時は七市町村（現在は人吉市、多良木町、錦町、あさぎり町、相良村、山江村）にポンプ・アップして届ける計画（対象農家約四〇〇〇人）であった。しかも、農水省の灌漑事業とは一〇年に一回の渇水に対処するもので、相良村の農家はお金を出して水不足に苦しむというおかしな計画に参加するものであった。

私たちは、国の事業に同意できないとの立場から意見を表明した。しかし、平成六年一一月四日、農水省は三分の二以上の対象農家の同意があったとしたので、その年の暮れまでに農家一一四四名で異議申立を行った。そして、その年のうちに、口頭で意見を陳述するとの手続きを取った。口頭での意見陳述は熊本市、さらに現地人吉市、多良木町などで三回行われたが、平成八年三月末に、ほとんどの農家が意見を言っていない中で、農水省は突然これを打ち切り、棄却・却下処分などを行った。これは、この年八月一〇日に出された川辺川ダム事業審議会のダム事業継続決定に間に合わせるものであった。

これに対して、平成八年六月二六日、私たちは八六六名で熊本地裁に裁判を行い、さらに補助参加人を含めて約二一〇〇人が立ち上がったのである。

裁判では、私たちはダムの水ではなく、近場の河川や地下水による水利施設を造り、それによる利水事業を推し進めることを合い言葉にした。これがいわゆる「身の丈にあった利水事業」である。

身の丈にあった利水事業

二〇〇三年五月一六日、私たちは福岡高裁で利水事業と区画整理事業に三分の二以上の農家の同意がないことを理由に勝訴し、判決を確定させた。ところが、判決確定後、農水省と交渉すると、農村振興局次長は、裁判所で指摘された問題をクリアする新しい利水事業を推進するという立場を表明した。私たちは、再度現地で農水省と闘う姿勢を明らかにした。ところが、農水省は突然、話し合いで新しい利水事業を策定する方向に転換し、熊本県にその調整を依頼した。

その後、熊本県をコーディネーターとし、九州農政局、熊本県農政部、関係市町村、川辺川総合土地改良事業組合、川辺川地区開発青年同志会、川辺川利水訴訟原告団・弁護団で新利水計画策定の事前協議を始めた。

私たちは、水に色はないとの立場から、ダムの水にこだわらないとして、この事前協議に参加した。しかし、ダム推進派の圧力が強まり、七八回目で事前協議は解体された。その後、地元の相良村がダムの水にこだわる立場を放棄し、ダムに反対を表明した。こうした中で、農水省は利水事業を休止し、事業組合も解散した。

私たちは、ダムや水源を同一にする事業ではなく、それぞれの地域にある水源（河川や地下水など）を開発する「身の丈にあった」利水事業を推進することを訴えてきた。それは、ダムの水を使った利水事業は農家が主体ではなく、政・官・業が一体となった押しつけの事業であったからである。利水事業は、自らの農地をどのようにしていくのかという、農家の主体性に基づくものでなければならないと考えたからである。従来のダム利水は、水代がいくらかかるかも分からず、私たちはただ行政に踊らされただけであった。事実、控訴審判決の直前になって、判決で負けると考えたダム利水推進派は、ダムの水がタダではないことを明らかにしたのである。私たちの主張した通りであった。

しかしながら、裁判に負けたという行政のしっぺ返しもあって、私たちの言い分はなかなか地域社会の理解が得られるに至っていない。また、私たちのいう事業をするとなると、法律的には、この人吉・球磨地方にかかっている国営利水事業の網を外さないといけないことになる。

私たちは、繰り返し水田農家の老朽化した水利施設を国の負担で補修することを要求した。そして、国営利水事業の中止を求めてきた。さらに、二〇一三年には、農水省が水田農家の意向を聞いてきたので、私たちは、従来の主張を農水省に述べてきた。

ところが、農水省は、裁判で自らが唯一勝利した農地造成事業について、井戸などを掘って造成地に水を届けて、高額の農地造成費用を畑地灌漑農家から取るために、約三億円の予算をつけて、畑地灌漑農家の水需要を調査するとした。私たちは、これはかつてのダム利水推進派であった畑作農家に対する実情を無視した嫌がらせと理解している。事実、畑作農家はこの調査に協力的ではない。

これに対し、私たちは、水田農家の古い水利施設を国が改修するのであれば、土地改良法に基づく国営事業の中止に同意しても良いとする立場を明らかにしている。

これに対し、農水省は、水田農家の古い水利施設の改修は国営利水事業では出来ないが、市町村が古い水利施設の改修をするとの立場であれば、国営比率に劣らない補助金を考えても良いとの考えを示している。私たちは、相良村でそのような手続きを取っている。しかしながら、農水省は、現時点では具体的な予算措置など対応を明らかにしていない。

本来、国は、この地域をダムを造らんがために利用してきたのであり、そのために、この地域では古くなった水利施設を補修することも出来ず、苦しんでいるのである。私たちは、農水省が古い水利施設を補修することこそが責任の取り方であると考えている。

今、わが国の農業は惨憺たる有様である。私たちは、農家が自らの考えで農業を進めていく上でも、国営利水事業にこだわらず、身の丈にあった利水事業を実現すべく、今後とも頑張っていくつもりである。

これからの課題

国交省は、新利水計画が策定されない状況の下、ダム建設を進めるため熊本県収用委員会に求めていた強制収用裁決申請を取り下げた。そのために、旧来の特定多目的ダム計画の遂行は事実上不可能になった。その後、農水省や電源開発株式会社がダム計画から離脱し、国交省は、川辺川ダムを治水専用ダムと位置付けた。そして、相良村長、人吉市長、熊本県知事のダム反対表明を受けてダム建設は暗礁に乗り上げた。

こうして国交省は、現在では、ダムによらない治水事業を地元自治体と協力して進めようとしている。その関係で国交省は、関係する市町村での説明会を終わり、ダムによらない治水策に予算をつけるかどうかという歴史的段階に立っている。さらに国交省は、これを踏まえて、一日も早くダムによらない治水策を推進する河川整備計画を策定すべきと考えている。私たちは、流域住民と共にこれらの動きを共に進めていきたいと思っている。

また、長年ダムに翻弄された五木村がダムによらない地域振興を図る動きにも、協力を惜しまないつもりである。

そして、私たちは、今後ともダムを唯一の水源とするのではなく、それぞれの地域で水源を開発して利用していく「身の丈にあった」利水事業をこれからも推進していくものである。

しかし、確かに、国交省はダムを建設することを法律的には断念していない。その意味では、ダムによらない治水策に予算をつけること、ダム中止特措法を成立させ、長年ダム計画に翻弄された地域をダムの呪縛から解き放ち、ダムによらない地域振興を図ることを求めるものである。

宝の川、川辺川・球磨川をこれからも心から大事にして育てていきたい。そのことを最後の言葉として、この小論を締めたい。

編集を終えて

熊本県立大学名誉教授　中島熙八郎

ダムによらない治水を検討する場が設けられましたが、一〇回を経て、未だに結論に到達できない時間が続いています。そのような状況に対して、「このままずるずると行って、あわよくばまたダムだと言わせようとしているのではないか」という意見もささやかれているやに聞いています。ただ、私はこのような声には何の根拠もないと思います。むしろ、熊本県はじめ地元の要望があり、国（国土交通省）も含め早期に結論を出し、「できることからやろう」となることに期待を寄せています。

私は、国が「ダムは（少なくとも当面）つくらない」、言い換えれば、河川整備計画にダムを除いた計画を策定し、それに基づく事業予算をつける、あるいは策定以前でも、実質的に河川改修予算をつけることが、五木村も含め、球磨川・川辺川の治水、利水、地域振興等の様々な問題解決の鍵になっていると思います。それさえ実現すれば、いろいろなことが連動して解決していくのではないでしょうか。

その端緒は、五木村長和田拓也氏、人吉市長田中信孝氏、京大名誉教授今本博健氏のご発言、川辺川利水訴訟原告団長茂吉隆典氏のご寄稿の中に述べられています。

五木村のみなさんは、今はダムなしで新しい地域づくりに足を踏み出したいということが、まだ言いきれない立場です。そして、半世紀に及んだ「ダム計画」に翻弄され、極めて困難な状況にあります。しかし本当のところは、村長さんを含め村民の方々はダムができなくて良かった、ダムのない本当の自分たちの村づくりを進めたいということを、もっと声を大にして言える状況が生まれるでしょう。そうなればこの地域の自治体の方々、あるいは全国の方々が、「五木村は頑張っている、みんなで応援しよう」ということになってくると思います。

治水においても問題はありますが、球磨村までの治水対策が進められてきています。ようやく、人吉市での対策が始まろうとしています。その中で、「防災安全度」という災害時死亡者ゼロを目指す総合的な対策の提案が生まれています。この画期的な提案に基づき、これまで国が進めてきた「ダムありき」、「河川改修＋ダム」という硬直な対策を転換し、地元住民の求めるより柔軟で総合的な対策へと発展していくことが期待されます。

利水事業においても然りです。対象農地を強引にかき集め、ダムに水源を一元化し、ポンプと長大なパイプラインで水を配り、水田農家に大きな負担を負わせる国営事業は、二〇〇七年末に休止されました。しかし、廃止の手続きには至っていません。農水省自身も渇望する本事業の廃止を早期に実現させ、縛りを外し、農民が求める地域それぞれの身の丈にあった利水事業の実現が期待されます。

今年がその転換点になるのではないかと私は考えています。そういう意味では、流域の皆さんはじめ、関係する多くの人々がいっそうの力を出し合って、その方向を確実に現実のものにするための頑張りがまだまだ必要となるでしょう。

Ⅱ
特別寄稿

❖立野ダムは危険で自然を壊す――ダムより河川改修を

立野ダムによらない自然と生活を守る会事務局長　緒方紀郎

❖瀬戸石ダムを巡る現状

瀬戸石ダムを撤去する会事務局長　土森武友

❖川原《こうばる》ここにあり

石木ダム建設絶対反対同盟員　石丸勇

立野ダムは危険で自然を壊す――ダムより河川改修を

立野ダムによらない自然と生活を守る会事務局長　緒方紀郎

図1は現在計画されている立野ダムの位置を示したものです。阿蘇外輪山の切れ目、立野峡谷に計画されているのが立野ダムです。阿蘇谷の黒川と南郷谷の白川が合流して白川になりますが、この合流点のすぐ下流に計画されたダムです。

ここで述べますのは次の三点です。①立野ダムによる治水は非常に危険です。②河川改修はダムより早くかつ安全に災害に対処できます。③ダムは阿蘇の大自然を破壊します。

まず、立野ダム問題の現状についてです。立野ダムは、立野峡谷の南側に北向谷原始林という国の天然記念物がありますが、そこに計画された高さ九〇メートルの、治水専用の穴あきダムです。高さ九〇メートルというと、熊本県庁よりさらに三〇メートルも高い巨大なコンクリートの構造物です。それが阿蘇くじゅう国立公園の特別保護地区に計画されているという、とんでもない話です。

総事業費は九一七億円。その三割を熊本県が負担しますので、県民一人あたり一万五〇〇〇円の負担になります。四人家族で六万円の負担です。

国交省は、二〇一四年一一月から仮排水路トンネル工事に着工すると言っています。白川に漁業権を持つ白川漁協は、二〇一四年三月の総会でダムの漁業補償を受け入れましたが、四月に漁協の理事会が総入れ替えになりました。今後の白川漁協の動きが注目されます。

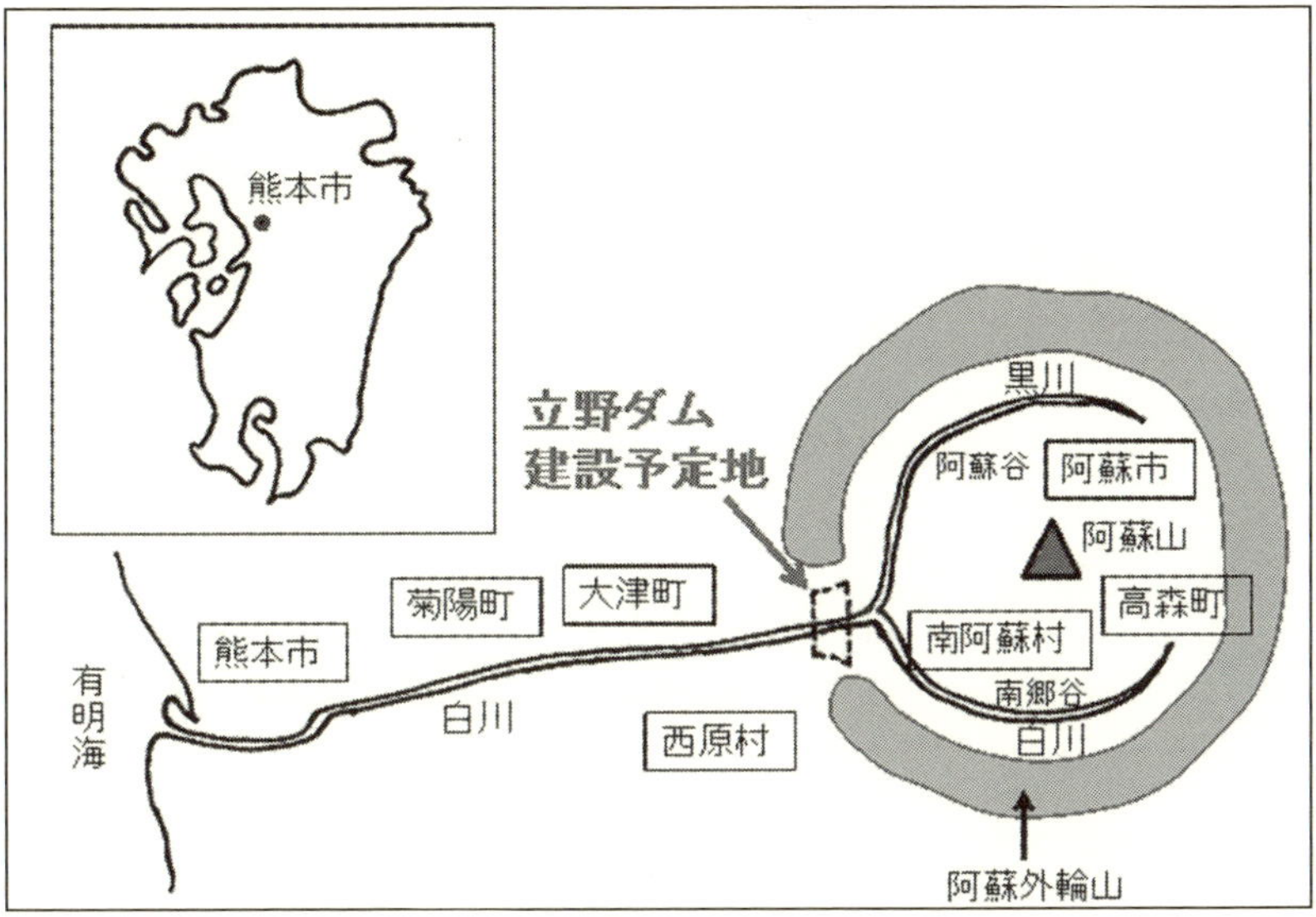

図１　立野ダムの建設予定地

次に、二〇一二年の九州北部豪雨後の白川の河川改修についてです。熊本市では、市の中心部の左岸側は堤防が完成していたので、九州北部豪雨でも堤防に余裕がありました。しかし、右岸側では土のうが積まれて、かろうじて越水をまぬがれました。右岸側（長六橋から大甲橋）は高さ二メートルの堤防が未完成だったのです。

ところが、一年も経たないうちに、未着手だった右岸側の堤防はあっという間に完成してしまいました。しかも、鋼矢板（鉄板）を打ち込んだ、絶対壊れない堤防です。破堤しないので、余裕高もいらないはずです。余裕高がいらなかったら立野ダムは作らなくていいということが、国交省内部でも議論されていました。

熊本市黒髪の堤防と住宅地の関係ですが、堤防よりずっと低いところに住宅が建っています。したがって、あふれたり堤防が壊れたりすれば、

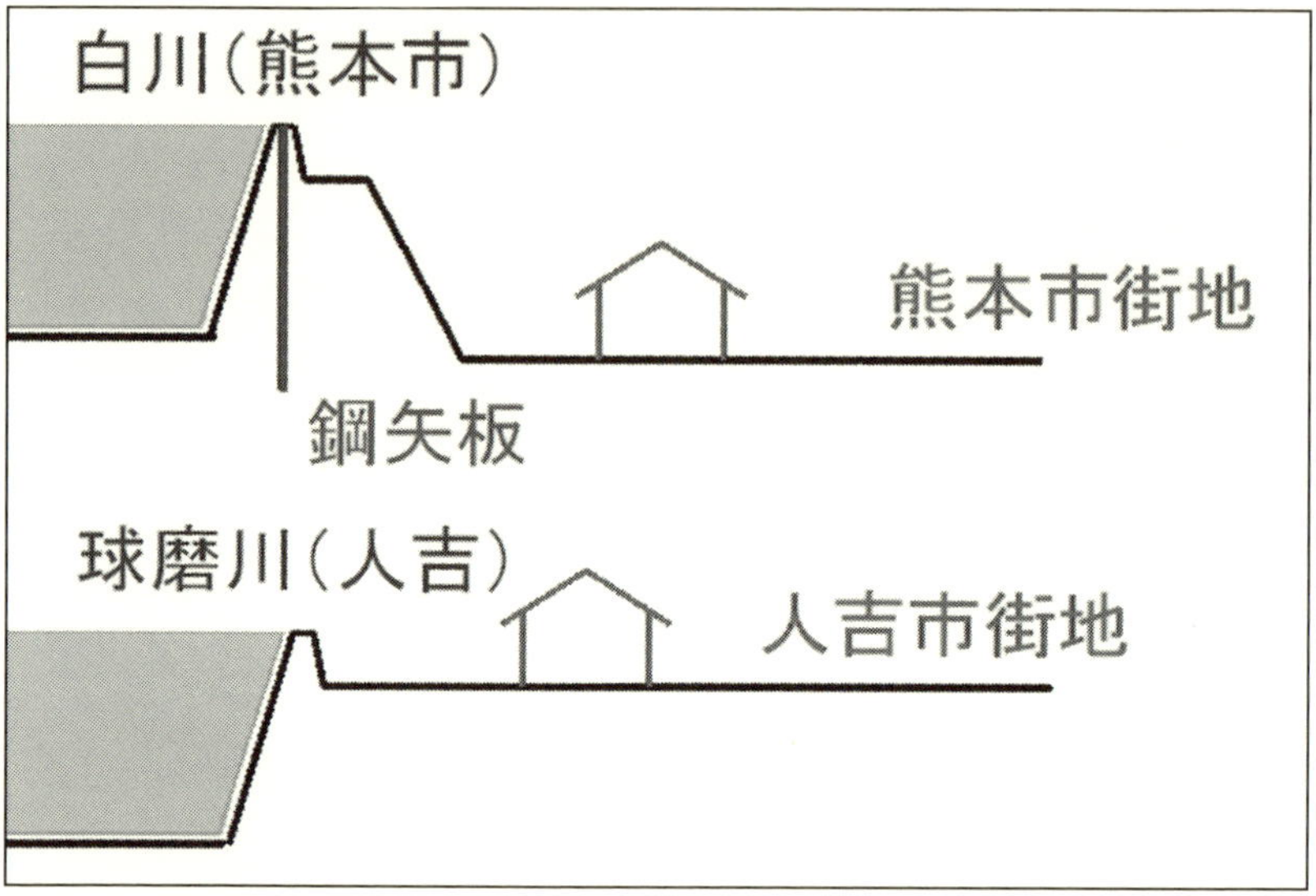

図２　白川と球磨川の堤防

二階、三階まで浸水します。一方、人吉市の九日町では、堤防のまわりの住宅地の地盤が非常に高くなっています。つまり、破堤する可能性は非常に低いということが言えます。

図2は、熊本市と人吉市の堤防と住宅地の関係を模式図で表したものです。熊本市では、堤防よりずっと下に宅地があります。人吉では堤防と同じくらいの高さのところが多いです。人吉市は堤防と宅地の高さの関係で、熊本や八代と比べて危険度があまり大きくないということが、この図からも分かります。

次に大津町、菊陽町の中流域を見てみますと、九州北部豪雨では川幅の四倍も五倍も白川があふれています。国交省の資料によりますと、河川整備計画が未策定区間になっています。つまり、大津、菊陽には白川の川幅を広げる計画自体がありません。川幅を広げなければ、明らかにまたあふれてしまいます。

次に阿蘇地区です。阿蘇では荒れた放置人工林の多くの箇所で土砂災害が起こっています。阿蘇では九州北部豪雨のとき四二六カ所の山林や草原が崩壊し、二〇名以上の方が亡くなっていますが、すべて土砂災害が原因です。また、白川があふれた場所はすべて改修が未完成な所ばかりです。立野ダムでは全く対応できない問題です。

次に、立野ダムでは水害を防げないことについての意見を述べます。「東日本大震災のような想定外の災害に備えてダムが必要だ」という考えの方もおられます。しかし、想定外の水害でダムが満水になったら、ダムの上にある八つの穴から洪水が緊急放水され、洪水調節できなくなります。想定外の災害に立野ダムは役に立ちません。これは鹿児島の鶴田ダムが満水になって緊急放流したという事実からも明らかです。鶴田ダム下流の宮之城では、増水しているときに鶴田ダムの緊急放流が襲い、大変な被害を受けました。

次に立野ダムの穴が詰まる問題ですが、想定内の水害でも役に立たないということについて述べます。撤去工事中の荒瀬ダムの例ですが、左岸側はゲートの幅が一〇メートルです。右岸側は一五メートルになっています。なぜかといいますと、左岸側からつくり出し、ゲート幅が一〇メートルでは流木が詰まってしまうので、途中で設計を一五メートルに変更したそうです。立野ダムにはゲートがないかわりに、ダムの下に三つの穴が開いています。その穴の大きさは、幅五メートル×高さ五メートルです。流木が当然詰まります。おまけに立野ダムは、穴の中に岩石などが詰まらないように、穴の上流側に網をかぶせる計画です。国交省がスクリーンと呼ぶ、その網の隙間は二〇センチしかありません。当然流木が詰まります。

穴あきダムである島根県の益田川ダムでは、国交省は穴の上流側にスクリーンを設置しています。実は、二〇一二年の九州北部豪雨の時、白川の堰などには、たくさんの流木などが詰まっています。当然、立野ダムの穴も流木で詰まります。国交省はそのことをどう説明しているかといいますと、ダムの穴に詰まった流木が、ダムの水位が上がってくると浮いてくると説明しているのです。ダムの穴が流木を吸い込む力のほうが流木の浮力よりはるかに大きいはずですが、このような説明をしています。ダムの穴が流木などで詰まったら、一時間余りで立野ダムは満水になります。ダム下流の洪水流量はゼロから一気に最大に増えます。ダムは災害を引き起こします。

白川の治水対策をまとめますと、上流（阿蘇）では荒れた人工林の間伐、河川改修の実施、遊水地の設置、農地の保全。中流域（大津・菊陽）では整備計画を策定して、河川改修の実施、農地の保全。下流（熊本市）では河川改修の完成です。詳しくは『ダムより河川改修を』（二〇一四年七月、花伝社発行）をご一読いただければ幸いです。

瀬戸石ダムを巡る現状

瀬戸石ダムを撤去する会事務局長　土森武友

二〇一四年の三月末で電源開発瀬戸石ダム発電の水利権が切れることを機に、私たちは水利権の更新阻止の活動をしました。しかし二月に県知事が、条件付きではありますが水利権の更新は「支障なし」と表明し、更新を認めてしまいました。国土交通省はそれを受け、直ちに水利権更新を許可し、今後二〇年間瀬戸石ダムは存続し得ることになりました。私たちは水利権の更新を阻止できなかった反省を踏まえて、瀬戸石ダムの問題に苦しむ地域住民とのつながりを深めようと、六月から芦北町の流域の方から聴き取り調査を行ってきました。私も三回参加し、八月には箙瀬《えびらせ》地区で区長さんはじめ流域の方からお話を伺いました。

皆さんからは、毎年のように瀬戸石ダムの水位が上昇して砂が流れ込み、それが溜まってさらに水位が上昇するということが続いてきた。そしてそこに市房ダムの放流が、かまぼこ状に真ん中が盛り上がるように来るという状況で、非常に恐怖を覚えられているという話を伺いました。

当地の公民館には写真がたくさんありまして、ダム湖が、海のように自宅のすぐ前まで広がっている写真もありました。今は、家は浸かることはないということですが、道路が浸かってしまうので逃げ場がないということです。自宅の後ろは急斜面になっており、水害と裏山が雨で壊れないかということを非常に心配されています。道路が浸かっていますので、水害の間に急病とかケガをしてもどこにもいけない。県道と球磨川の境が無くなった途端に水位が上がり、そのために球磨川に落ちた方もいます――等々、非常に深刻な問題があることが判ってきました。

そればかりではありません。沿岸で山津波が起き、大量の土砂等が球磨川に崩れ落ちれば、瀬戸石ダムがどういうことになるか。考えただけで怖しいことです。瀬戸石ダム付近では、昔、瀬戸石崩※という大災害の記録が残っています。

私たちはこの問題を、瀬戸石ダムを運営する電源開発に訴えるため、これからいろいろな質問事項を作って、それを電源開発との協議に持っていきたいと考えています。

また、水害の実態は、本当に水害を経験した人でないと分かりません。写真をホームページ等に掲載をして多くの人に知らせていきたいと考えています。東北地方では、こういったダムの水害に苦しむ人たちが電源開発や東北電力を裁判で訴えるということもやっています。私たちはそういうことを見すえながら、今後運動を進めていきたいと思います。

※「瀬戸石崩《くえ》」：宝暦五年六月九日、五月中旬から降り続いた雨も六月の初めになり、殊のほか強雨となり、球磨川上流から流れてくる多量の水と、瀬戸石崩（現在の小字）の両岸の山からの山崩れで土や石が川に落ち込み、流れを止めて、一時的に「ダム」となった。このありさまを肥後国誌には、「高さ二百間、横百五十間程崩落、川向ニ有之候山ニ右之崩先山高二百間、横約百間程突上、是亦崩落、球磨川突埋」と記されている。しかし上流から流れ来る水量に持ち切れず「ダム」は決壊し、そこから流れ出た水は激流となって下流の村々に古今未曾有の甚大な災害をもたらしたのである。これを世に「瀬戸石崩」と称している。（「坂本村史」坂本村村史編纂委員会、より）

老朽化の進んだ電源開発㈱の瀬戸石ダム

「瀬戸石ダムを撤去する会」は二〇一四年六月から八月にかけて三回、芦北町の瀬戸石ダム湖周辺地区のうち箙瀬、吉尾、海路の各地区住民から、瀬戸石ダムの問題に関して聴き取り調査を行いました。その結果は下記の通りです。

箙瀬《えびらせ》地区

◆ダムは反対。ダムが出来る前は上から川の中の魚影が見えていた。小さいときは川で泳いでいた。ダムが出来てから川が溢れるようになった。これまで浸水しなかった家や道路が冠水するようになった。あまりにも汚濁がひどいのでメタンガスのような気体が浮上してはじけるのを見た。昔はただで獲れた鮎も今は年間五〇〇〇円の遊魚券を買わないといけない。ダム湖の中は外来魚がはびこるような汚い水質になった。道路の数箇所が浸かる

と簸瀬地区は孤立する。（六〇代男性）

◆以前はアユだけで生活していた。ダムができて水が上がりだし、浸かるようになった。市房ダムの放流が簸瀬に着くのは二時間もかからない。濁流がカマボコのようになって上流からくる。以前車が浸かった。市房ダムの放流の情報は、対岸の球磨村の放送でわかる。ある人は、四回も嵩上げをした。二年前の阿蘇の大水害のとき、谷の水があふれ、集落の道が川のようになって恐ろしかった。簸瀬では土砂崩れがおきたが、電源開発は何もしなかった。管理責任を果たすべきではないか。三〇年前の水利権更新のとき、父に水害の補償のことを言ったが、問題にしなかった。（六〇代男性）

◆ダムができて瀬がなくなった。瀬があるときはアユをとっていた。うなぎ、ガネ（かに）もとっていた。ダムができて、水嵩がだんだん上がってきた。夫が生きているときは、田、畑にたまった砂を自分でとりのぞいて農業をしていた。電源開発は何もしてくれなかった。五年前、谷が濁ってきたので避難した。三年前も土砂崩れがあり、公民館に避難した。Ｉさんという人は、去年まで田畑の砂を自分でとりのぞいていた。（八〇代女性）

◆ダムができていいことはない。裏は石山。二、三年前、山から水が流れてきて、床下を流れていった。家の前は瀬戸石ダムで球磨川があふれて逃げることができない。体が悪いものはじっとしているしかない。（八〇代女性）

◆夫が撤去に期待していたのに、存続されてがっかり。（瀬戸石ダム湖の）赤潮で真っ赤になる。臭いや水の濁りもひどい。網にも汚れが付いている。ダムが出来る前は川の水を飲んでいた。何年かに一回、（川の水が）道路やガードレールを越える。船を引っ張るなど水害にも慣れてきた。裏山の崩壊が怖い。土砂を取っても、また上流から土砂が来るので一緒。やるなら徹底的に取るべき。海路地区（のダム湖）にはたくさん土砂が溜まっている。よどみに溜まってしまう。ダム（の堰堤）が生活道路となっている。撤去前に橋を作ってほしい。救急車などが通れるよう道路も広くしてほしい。町にも何度も陳情した。台風が来たらどういう被害が出るか分からない。（夫婦、男七〇代、女六〇代）

◆市房ダムがゲートを開放すると一時間で水がくる。川の流れの真ん中がふくれる。球磨村の防災スピーカーに頼って自主避難している。（道路が浸かったら）線路をつたって小口に行き、そこに置いていた車で芦北津奈木の職場に行く。水害に慣れている。自主防災組織もある。吉尾小学校が避難所になっているが途中が浸かるので行けない。（地区の）公民館か寺を避難所にしないといけない。ドクターヘリがあるからと町は言うが、より被害がひどいところにしか来ない。JRなみに県道を嵩上げしたらいい。何かあったら命が奪われるから、避難するか早めに判断しないと浸かってしまう。山が「ザラ石」急傾斜になっている。今、やるべきことは避難・防災マニュアルを作ること。（六〇代男性）

◆白石橋（県の橋）が壊れないか心配。白石橋を架け直してほしい。二〇〇ミリの雨で白石橋は通行止めになる。下の道路も浸かって通行止めになる。吉尾川の土砂を取っているが、いたちごっこ。大きな水が来たら一緒（また土砂が溜まる）。（夫婦、男女共六〇代）

◆二回移転したが、水害に遭った。補償はない。自宅は浸からないが、車（をとめているところ）は浸かる。一回移転したら「何も言わない」という署名をした。昭和五七年また浸かった。その水害のあと、会を作った。説明会があり、昭和四〇年の水害は八〇〇年に一回の、昭和五七年の水害は四〇

○年に一回の規模の水害だという説明があった。（女性）
◆ダムを作った時点から川底がどれくらい上がったのか。心配なのは家まで水が上がること。J-POWER（電源開発株式会社）には、水が上がることが分かっているのではないか。ここは一番溜まりやすいところ。子供が遊んでいた岩も埋まってしまった。七メートルぐらい川底が上がった。去年は（堆砂を）いっぱい取ったが、一年で元に戻る。（増水時）上流の神瀬橋（白石橋）に木が引っかかって水が盛り上がっていて怖い。役人はこのことは知らない。水が引いた後にしか来ないから。水害の時に病人、けが人が出ないかが心配。（男性）
◆ずっとこれまで言ってきたけど変わらない。最初、電源開発は「水は上がらない」と都合のいいことを言っていた。昭和五七年から交渉して、話し合いがついて、平成五年から平成八年まで、嵩上げした。平成九年に最後の嵩上げがあった。しかしそのときに堆砂問題は話題にならなかった。市房ダムの操作が問題。市房ダムに電話して放流量を聞いていたが「毎秒何トン」と言われても分からない。市房ダムが放流したら九〇分でこちらに来る。かまぼこ状に川の真ん中が盛り上がっている。瀬戸石ダムには人はいないので市房ダムに連絡する。箙瀬地区は浸かる。二〇一二年七月にも浸かった。降り出して二時間半で浸かった。吉尾川の水位が上がる。地元の人しか水害の怖さは知らない。平成一六年の正月に水害の写真展をした。（男性）

吉尾地区

◆昔は、川で魚をとったり、泳いだりした。家を嵩上げした。二三年前からこれまで、畳の上まで水が上がった。階段の踊り場まで浸かった。二、三年前も水害があった。昔は道の両脇に家があり、吉尾温泉で賑わっていた。（五〇代女性）
◆昔は、対岸の球磨村のほうまで泳いで渡っていた。後ろから押して川に飛び込ませたりしていたが、川で死んだ子はいない。吉尾川にも筏に鮎があたって死ぬくらいたくさんいた。ダムが出来たら家が揺れる。ダムの下にあった事務所が、振動が怖いといって人吉に移転した。温泉（公衆浴場）も水に浸かって嵩上げした。ダムのせいで道路が冠水する。市房ダムの放流後二時間後に水位が上がる。そのことを行政に言っても関係ないという。球磨村のように「放水します」と無線で言ってほしい。生活も夏は鮎をとって、冬は山仕事でゆうゆう暮らすことが出来た。ダムは反対。おやじたちは筵《むしろ》旗を立てて反対運動していた。瀬戸石ダムが出来て若い人はほとんど出て行った。ダムがなかったらここはいい釣り場。（八〇代男性）
◆畑まで水が上がってきて作物も作れない。毎年毎年浸かる。去年は診療所に避難した。昔のきれいな川にしてほしい。「ダムはなくなればいい」とうちの主人も言っていた。とにかく（ダムが出来て）鮎がいなくなった。今年はうなぎもいなくなった。（七〇代女性）
◆五八年前に家を移転した。ダムが出来ると聞いていたので川沿いに家を建てた。ところが大洪水が起こり、浸水するようになったので嵩上げした。当初は、川底はまだ深かったのでまさか浸水するとは思わなかった。（女性）
◆ダムができてハエもいなくなった。瀬戸石ダムはなくさんばいかん。何時間かダムを開放すればどうか。（八〇代男性）

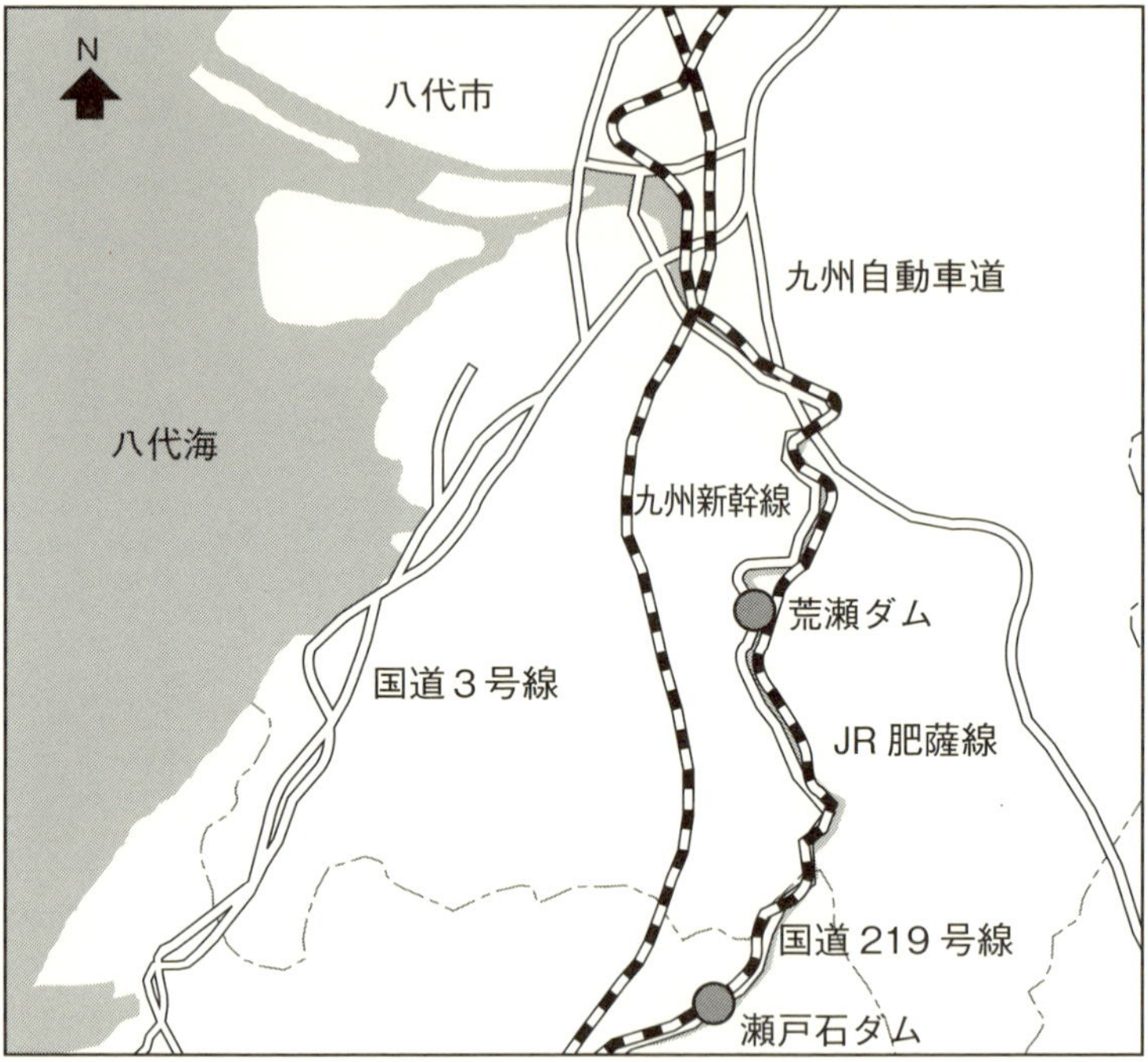

瀬戸石ダムの位置

海路地区

◆ダムの害はない。ダムから三、四キロメートル離れているので心配はしていない。ダムが出来る前は三〇戸ほどあったが、今は八戸で年寄りの一人暮らしばかり。（八〇代女性）

◆ダムの害はない。昭和三〇年か三一年年に一・五メートル嵩上げした。線路も嵩上げした。（八〇代女性）

川原《こうばる》ここにあり

石木ダム建設絶対反対同盟員　石丸勇

ダム建設を拒否し続ける大好きなふるさと

「ダムができるぎん（できたら）、金ばよけいもらえるけん良かばっかいたい（お金をたくさんもらえるからよいことばかりだ）」とよく言われます。そんな時「ああ、この人には何ば言うたっちゃだめばい（何を言ってもだめだ）」と思っていました。私たちの信念は固いんだから「人が何を言おうとかってたい（勝手だ）」と思っていたのです。

　しかし、最近県が強引に重圧をかけてくることに疑問を感じ出したのです。それは、「ダムとはいったい何なのだろう？」「石木ダムがほんとうに必要なのだろうか？」「なぜ急ぐのだろうか？」という疑問です。視察に行ったり、報告書などを勉強してみると答えはすでに出ていたのです。その答えは、「都市が農山村を呑みつくす政策」以外の何ものでもないこと、そしてその行為が川という大自然を滅ぼすことになること、など多くの問題を含んでいることだったのです。

　そのことを多くの人々に知ってもらいたい、と同時に、石木ダム計画が、そこに人が住んでいることを無視した無謀な計画であることを訴えたいのです。「反対していることが金のためでない」ことを理解していただければほんとうに嬉しい。

　これは、一九八〇年当時、私たちが最初に出したパンフレット「ふるさとを守ろう――水危機論のう

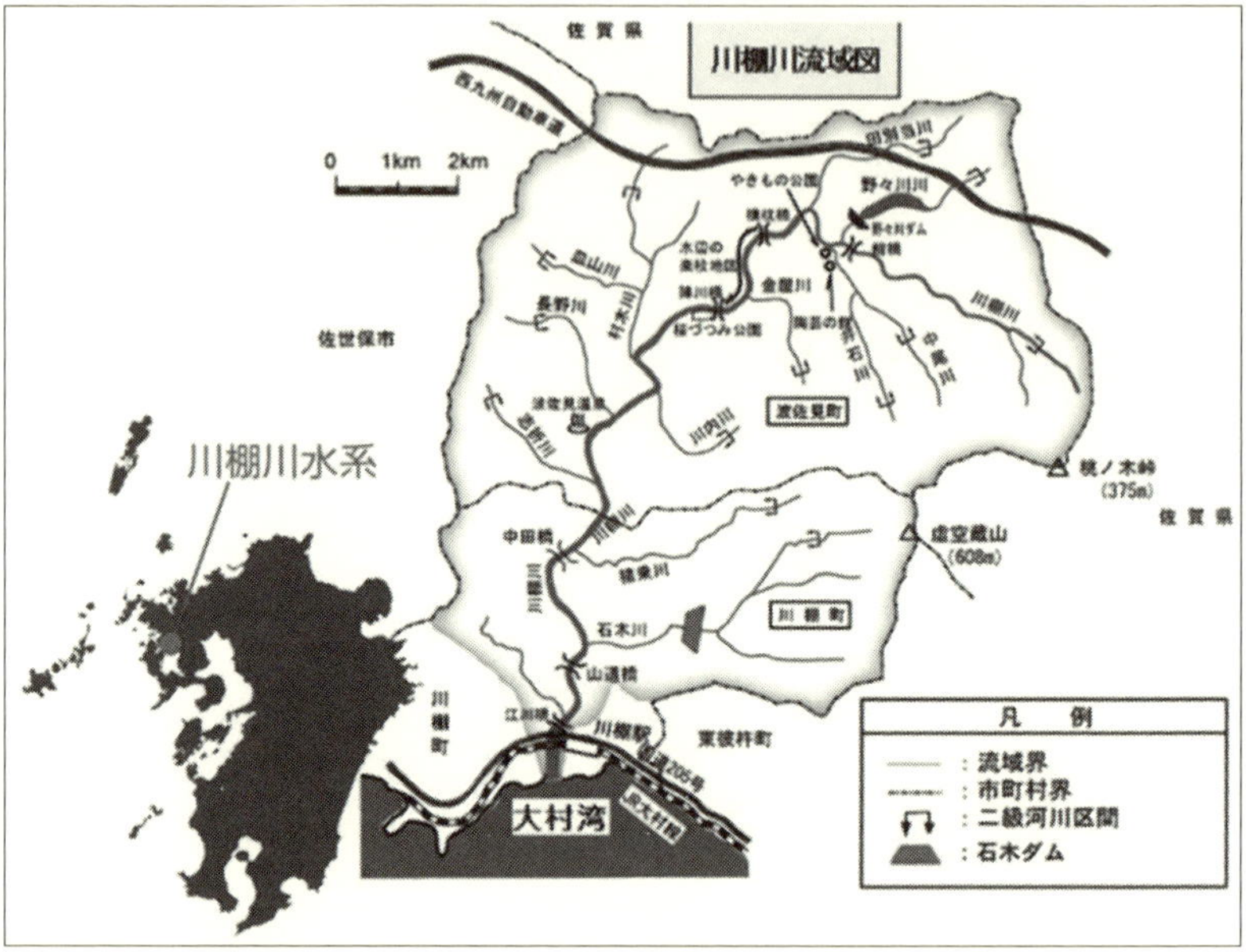

石木ダムの位置

らがわから──」のまえがきに書かれたことばです。

そして、あとがきにも、「先祖は、たびも履かず、はだしで働いて求めた土地です。この土地ば、わたしたちの代で水の底に沈めることはできまっせん。ご先祖様に申し訳がたたんですたい。この土地は最高です。この土地ば離りゅうちゃ（離れようとは）思いまっせん」「わたしゃ、土地は持ちまっせんじょん（ませんが）、この土地ば離りゅうちゃ思いまっせん。こやん（これほど）隣人愛のすばらしかとかぁほかになかって思うとります。日本一のこん部落ば（この部落を）そのまま守りたかです。この土地に骨ば埋みゅうて（埋めようと）思うとります」。これは「なぜ石木ダム建設計画に反対ですか」という問いにある婦人の方々が答えてくれたものです。

わたしたちは、これを涙して聞いたが、ダ

ムを造ろうと思うとる町・県は、「そんもの（そんなもの）は理由にならん」と言う。「あほか！」と言いたい。人間の心を持たない人間の顔をした犬《けん》としか思えない。昭和六〇年までに県内のほとんどの河川（佐々川と島原半島の一部の川を除く）に七七のダム等の建設が計画されているのを知らない人が多いと思われます。わたしたちは、もっと反対があってもいいのではとこのパンフレットを作りながら話した。河川開発会社なる企業と化した県への批判が高まることを期待したい、と。

あの頃から三〇数年の歳月が流れ、石木川とふるさとを守る闘いに同じ思いを抱えたまま多くの仲間がこの世を去っていきましたが、石木川は今も変わることなく静かな清流を保ち、石木川に抱かれたふるさとはダム建設を拒否し続けています。

石木ダム建設予定地は、大村湾岸の川棚町中心地からわずか四キロメートル、車で一〇分弱のところです。日本の原風景が残る里山を抱く、自然豊かな清流の里です。ホタルやカワセミ、カスミサンショウウオなども生息しています。九州のマッターホルンと呼ばれる虚空蔵岳《こくんぞうだけ》を源とする石木川の上流には、日本の棚田百選の地「日向の棚田」もあります。

反対運動は生活の一部、長く苦しい闘いも人生の肥やし

石木ダム建設計画が表面化したのは、半世紀前の一九六二年。その二〇年後の一九八二年、長崎県は機動隊を導入して強制測量調査を行いました。その時私たちは、家族全員で座り込みをして抵抗しました。当時、学校を休んで親と共に座り込んだ小学生だった子供たちも結婚し、その子供が高校生、中学生になりました。闘いは続いています。闘いの中から歌が生まれました。「川原のうた」で

す。合唱団「We Love こうばる」は全国大会へも出場し、全国集会でも歌が紹介されました。間奏の間に語りが入ります。その語りを紹介します。

皆さん、よかったら一度足を運んでください
僕らの住んでる川原《こうばる》に
自慢できるものは何もありませんが、
川原がどんなところか、よかったら見に来てください

ここにダムができようとしています
もしダムができたら、田圃も畑も僕らの家も
そしてホタルもみんな
みんなダムの底に沈んでしまいます

僕のかみさんが初めて川原にやってきたとき、
ギョッとした顔をしました
田圃や畑のあちこちに「石木ダム反対！」の
でっかい看板があったからです

僕はそのとき初めて知りました
こんな看板だらけの景色が普通でないことを
僕は生れてずっとこの風景の中で育ったので
それが異常だってことに気付かなかったのです

僕らはただ、生まれ育ったこの土地に住み続けたいだけなんです
この大好きな自然を　僕らの子供たちに残したいだけなんです
ダムの中止が決まったら、僕らは看板を撤去して、そこに花を植えたいのです

川原のうたの語りは、聴く人の涙を誘います。石木ダム計画水没予定地には、「川原のうた」の語りを共有する一三世帯六〇人が暮らしています。三世代、中には四世代同居の家族もあります。ダム反対運動は大変ですが、それを生活の一部に取り入れて、一三世帯は一つの家族のように助け合って生活しています。ふるさとを守る闘いは、必然的に里山の自然を守り後世へ伝えていく運動と結びついて、そこで暮らす人々を生き生きと輝かせています。町内や地区の行事には積極的に参加して「川原ここにあり」のイメージを植え付けています。初夏には家族総出で「川原ほたる祭り」を開催します。ここ川原はほたるの名所で、この時季幻想的なほたるの乱舞を求めて多くの人が訪れます。

また、夏休みには石木川の自然が造った水泳場での川遊びを求めて、町内外から子供たちが押し寄せます。今年の夏には、この川で遊び育った中学生たちが石木ダム建設反対の狼煙を上げたと聞いて

ほたる祭りには多くの人が訪れる

います。私たちはいつも言うんです。「一度現地に足を運んでください。そして、地元の人達と触れ合って話を聞いてみてください」と。

石木ダム計画は既に破綻

二〇〇四年九月には、佐世保市が人口減少などから計画取水量を六万トンから四万トンへ下方修正したため、県は二〇〇七年二月に総貯水量一九％減など石木ダム計画規模縮小を行いました。その結果、現在の計画はダムの堰堤高五五・四メートル、長さ二三四メートル、総貯水量五四八万トン、総事業費二八五億円となっています。

佐世保市水道の水需要が一九九九年度から減り続け、二割も減っているのに、佐世保市はこの実績の傾向を無視し、二〇一四年度からV字回復して急増していく架空の予測を行っています。石木ダムの予定水源四万立方メートル／日が将来必要となるように、数字をつくりあげているのです。実際には佐世保市水道の需要は人口の減少と節水機器の普及によって、今後も減少傾向が続いて、水需給の余裕度が次第に高まっていきますので、石木ダムの水源が必要となることはありません。

さらに現在七千立方メートルある漏水を改善し、佐々川の水利権変更等の見直しを行えば、水余りの市へ変身できるのです。このように佐世保市の水需要は大きく改善され安定しているのに、佐世保市は過去の大渇水を引き合いに出し石木ダム建設の是非を宣伝しています。渇水対策としてのダム建設は認められないのが当然です。それが認められるなら日本中ダムだらけとなります。

治水についても河川改修がほとんど終わって、過去の水害は防げると県が説明会で認めました。本当は石木ダム計画が既に破綻しているということです。それを知らされていないのは、佐世保市民であり川棚町民なのです。

石木ダムは必要性のないダムです！　強制収用なんて論外

石木ダムは今大きな転機を迎えています。事業認定の告示を受けて中村知事は、それまで「事業認定申請はあくまで話し合いを進めるため」と言っていた口も乾かぬうちに、「強制収用も選択肢としてありうる」と言い出しました。そして、長崎県と佐世保市が土地収用に向け収用裁決申請に踏み切り、長崎県収用委員会が年度内にも結論を出すと言われているからです。鉈を振り上げておいて「話し合え」はあり得ません。

しんぶん赤旗 14/9/30

石木ダム　強制収用やめて

長崎・佐世保　地権者ら訴え、署名の列

長崎県と佐世保市が川棚（かわたな）町・石木（いしき）川に建設を強行しようとしている石木ダムをめぐり、反対する地権者と支援者ら約25人は27日、「石木ダム強制収用するな」の宣伝・署名行動を佐世保市・四ケ町アーケード内で行いました。約2時間で386人分の署名が寄せられました。

参加者はダム建設の名目である佐世保市の利水と川棚川の治水のうそを告発。土地の強制収用を可能とする裁決申請の撤回を求め、「佐世保市民のためということで、13世帯60人の生活を壊していいのか」と訴えました。

住民の一人は「私たちは家を追い出されたら、どこで生活していいか分からない。美しい自然とふるさとをダムの底に沈めれば、死ぬほどつらいことです」と語りました。

署名した佐世保市の女性(60)は「あんなきれいな場所にダムを造って自然を壊すなんて悲しい」と話しました。

日本共産党の山下千秋市議も参加しました。

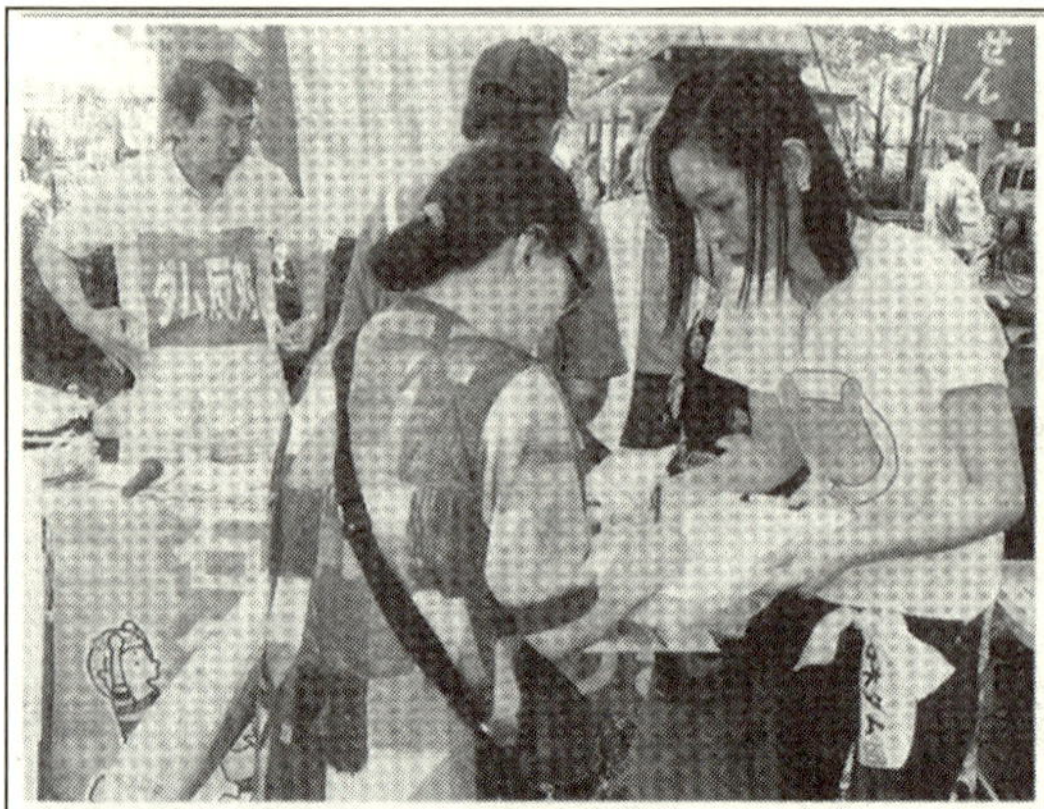

石木ダム問題で「強制収用するな」の署名を呼びかける参加者（右）と応じる市民＝27日、長崎県佐世保市

強制収用反対の署名活動を報じる新聞記事

私たちはこの地（川原）を出て行きません。今までと同じようにそこに住み続けたいだけなんです。日本中探しても、今まで人々が暮らしている所にダムを造るからと強制的に出て行けという例はないと聞きます。石木ダムで強制収用がなされればダム建設では日本で初となるのです。

一方、二〇一〇年七月から中止されていた付替道路工事については、県が二〇一四年七月三〇日から八月七日まで再開を試みましたが再開できず、私たちの抗議行動を逆手に取り、石木ダム関係地権者を含む二三名に対して通行妨害禁止仮処分命令申立を長崎地方裁判所佐世保支部に行ったために、再び中断しています。これはスラップ訴訟と言われるもので、本来住民を守るべき行政が住民に対して行うことは非常に卑劣なことになります。

苦しい闘いは続いていますが、私たちの

「ふるさとを守ろう、ここに住み続けたいだけ」という思いは当初から一貫して変わることはないのです。

　計画から半世紀の時が流れても、ダムの本体どころか付替道路も手つかずの状態です。札束で頬をなで機動隊導入の強制測量で脅しながら、飴と鞭の汚いやり方で進められてきた石木ダム事業はどこから見ても無駄な公共事業です。石木ダムは必要性のないダムです。私たちは必要性のないダムのために犠牲になるのはまっぴらです。石木ダムは止められる、止めなければならない事業です。皆様の力をお貸しください。

　今や国の借金は一〇〇〇兆円を突破しました。国民ひとりあたり八〇〇万円の借金を背負っています。今のままでは到底返せない天文学的数字の金額です。国民の誰もが無駄な公共事業に使う金などないと自覚すべきです。

あとがき

弁護士　板井優

私たちは、二〇一四年八月に、川辺川現地調査をして、パネル・ディスカッションをいたしました。このブックレットは、その時にコーディネーターをつとめた中島熙八郎熊本県立大名誉教授が独自のインタビュー等や寄稿をもとにその責任で編集したものです。したがって、このブックレットは、現地調査とは直接関係はありません。

中島名誉教授は、和田五木村長、田中人吉市長、今本京大名誉教授らの話を責任を持って編集しました。その上で、茂吉利水訴訟原告団長から「身の丈にあった利水事業の実現を」を寄稿いただきました。これらを前提に、中島名誉教授は「編集を終えて」のテーマで自らの思いをまとめて述べています。

その上で、阿蘇を経て熊本市を流れる白川に現在計画されている立野ダム建設問題について緒方紀郎さんから、球磨川の中流部にある瀬戸石ダム問題について土森武友さんから、さらに長崎県の川棚町に建設計画がある石木ダム建設問題について石丸勇さんから、それぞれ特別寄稿を頂いています。本当に有り難うございました。

最近、長野県白馬村で起こった地震で、日頃から防災計画を立てていた村民たちの活躍で死者が出なかったことが報道されました。しかしながら、ダムについては、治水安全度ということで、ダムを造れば大丈夫だという議論がまかり通っているように思います。

もっとも、ダムは治水方法の一つに過ぎず、河川の改修もまた治水方法の一つです。ダムは想定した貯水量を超えると、自らを崩壊から守るために非常放流を余儀なくされます。そうすると、ダムの下流では想定外の洪水が急激に起こることになります。

かつて、人吉市では、球磨川本流の上流にある市房ダムが非常放流により、急激に水嵩が増し洪水となって市民に襲いかかり、市民は多くの財産を失いました。市房ダムが出来る前には水嵩が序々に増し、市民は財産を二階へと移しました。しかし、非常放流はこれを不可能にしました。

ダムの問題は、自然環境が豊かな山間部の環境を、さらに海の環境をも破壊し、生態系を崩壊させます。しかも、ダムは水を貯めるので、たまったダムの水は腐っていきます。

確かに、ダムを造らず河川改修だけをしても、川から水が溢れることがあることを否定できません。これに対し、ダムを造ることを推進する者は、河川改修とダムをセットにするとして、そこに合理性があるとします。しかし、そうしても、ダムの持つ弊害を克服することは出来ません。

熊本県知事が川辺川ダム反対を唱える直前の川辺川現地調査で、ある水害体験者が「ダムがなければ水が溢れてもかまわない」と話したことを聞いて、大変驚いた記憶があります。確かにダムがなければダムの非常放流と違い、水は序々にしか溢れないでしょう。防災の安全度など本書に寄せられた論考は、この問題に対する多くの示唆を与えるものとなっています。

このブックレットの出版には、多くの方々のご努力を含め、花伝社にも大きく手助けを頂きました。この機会に、各位に深く感謝申し上げます。

●年表

年月	事件内容
1950年12月	熊本県、「球磨川総合開発計画」発表、流域の7つのダムと10ヶ所の発電所
1952年	県営荒瀬ダム起工
1953年2月	電源開発会社、人吉市に球磨川調査所を開設。発電用ダムの調査を開始
1954年	県営荒瀬ダム完工（発電専用ダム）
1955年10月	電源開発会社、「下頭地ダム」構想発表
1956年3月	五木村長、電源開発会社総裁に「下頭地ダム」反対を申し入れ
1957年3月	特定多目的ダム法成立
4月	五木村村民大会を開き、「下頭地ダム反対」を決議
8月	五木村村議会が「下頭地ダム建設計画反対」を決議
	球磨北部土地改良事業促進期成会結成
1958年	瀬戸石ダム（発電専用、電源開発会社）完工
1959年	熊本県、川辺川総合開発調査に着手
	人吉市で「相良ダム建設促進球磨郡民総決起集会」開かれる
1960年1月	球磨郡民による人吉市内での不買運動
	市房ダム完工
1963年8月	五木村地区の集中豪雨で川辺川、球磨川大洪水（被害総額32億円）
1964年4~8月	集中豪雨、台風14号等で、五木村に再度大被害
1965年6~8月	集中豪雨、台風15号等で、五木村は3年連続の大被害

1966年7月	建設省、「川辺川ダム」建設を発表 熊本県、川辺川ダム建設に伴う県の五木村振興計画基本構想を説明 五木村村議会、川辺川ダム建設反対を決議
1967年2月	五木村ダム対策委員会設置
6月	建設省、川辺川工事事務所を相良村に設置
1968年9月	建設省、川辺川ダムを治水ダムから多目的ダムにすると説明
1970年4月	熊本県、企画開発部に「川辺川総合開発室」を設置
5月	五木村、立村計画の基本要求事項55項目を提示 人吉市議会、「球磨川の自然を守る決議」、「球磨川の水量確保に関する決議」を行う
1971年10月	熊本県、第二次五木村振興計画（122億円）発表
1972年9月	建設省、河川法に基づく河川予定地指定告示
1973年5月	「五木村水没者地権者協議会」発足。ダム対策委員会から分離
1974年4月	水源地対策特別措置法施行
1976年1月	熊本県議会、「川辺川ダムに関する基本計画」を承認
2月	人吉市議会にダム調査特別委員会設置
3月	建設省、川辺川ダム基本計画を告示
4月	地権者協議会（以下、地権者協）、「川辺川ダム基本計画取消請求訴訟」を熊本地裁に提起 地権者協、「ダム対策費に関する損害賠償訴訟」を熊本地裁に提起
5月	川辺川ダム対策同盟会（以下、同盟会）発足
1976年6月	地権者協、「河川予定地処分無効確認請求訴訟」を熊本地裁に提起 建設省、川辺川ダム損失補償基準（第一次95億円）を提示
1977年2月	熊本県、第三次五木村振興計画発表（435億円）
7月	建設省、川辺川ダム損失補償基準（第二次）を提示
8月	五木村水没者対策協議会（以下、水対協）発足。同盟会からの分離

1979年7月	建設省、川辺川ダム損失補償基準（第三次）を提示
	熊本県、「川辺川ダム生活再建相談所」を五木村役場内に開設
	人吉市ダム対策協議会結成。ダム計画見直しへ
1980年3月	熊本地裁、「川辺川ダム基本計画取消請求」、「河川予定地処分無効確認請求」却下
6月	地権者協、「川辺川ダム基本計画取消請求」、「河川予定地処分無効確認請求」訴訟で福岡高裁に控訴
11月	建設省、川辺川ダム損失補償基準（第四次）を提示
	水没者3団体（同盟会、水対協、相良村対策協）と建設省が代替造成地についての確約書締結
1981年4月	水没者3団体との一般補償基準妥結
9月	五木村村議会、ダム反対決議を解除
1982年3月	ダム離村第一号が村外移転
4月	五木村、本体工事を除くダム建設に正式同意
1984年4月	地権者協、川辺川ダム建設で建設省と和解、控訴取り下げ
9月	農水省、国営川辺川総合土地改良事業計画を決定
12月	五木村議会、頭地代替地の造成計画（34ha）を承認
	人吉市で「ダム計画見直しを求める署名運動」の計画が出るも、消滅
1986年10月	五木村全域を水源地域対策特別措置法による水源地域に指定
12月	水源地域整備計画を公示
1988年3月	高野代替地の造成完了
1989年7月	五木村村議会、ダム建設に伴う立村計画を承認
1990年2月	頭地代替地の一筆測量開始
12月	地権者協、補償基準の協定書に調印
1991年3月	同盟会・水対協、損失補償見直しに妥結・調印
1992年3月	五木南小学校、116年の歴史に幕
12月	球磨川流域市町村に「清流球磨川・川辺川を未来に手渡す流域郡市民の会」（以下、手渡す会）発足

1993年	11月	頭地代替地の一部造成工事の起工式
	12月	「川辺川利水を考える会」発足（後に、利水訴訟原告団へとつながる）
1994年	7月	「水源開発問題全国連」（以下、水源連）、「手渡す会」が人吉で全国集会
	8月	建設省、球磨川漁協と川辺川ダム補償について本格交渉開始
	11月	農水省、「国営川辺川総合土地改良事業変更計画」を告示
1996年	6月	頭地代替地の用地買収完了
		「五木村ルネッサンソン」をキャッチフレーズとした「子守唄の里づくり」計画策定
	8月	国営土地改良事業対象地域農家、川辺川利水事業の取消し訴訟を熊本地裁に提訴（866人）
		川辺川ダム事業審議会、「ダム事業の継続は妥当」と答申
		五木村村議会、川辺川ダム本体着工同意を決議
		子守唄の里・五木を育む清流川辺川を守る県民の会発足
	10月	川辺川ダム本体工事着工に伴い、国・県・五木村が協定書調印
	11月	頭地代替地造成の本格着工記念式挙行
1997年	5月	建設省、川辺川ダム仮排水路トンネル工事に着工
	8月	川辺川ダム建設反対運動団体の「川辺川現地調査」始まる
1998年	12月	川辺川ダム仮排水路トンネル貫通
1999年	6月	人吉市を中心に「球磨川水害体験者の会」結成
	10月	県道宮原五木線の大通トンネル開通
2000年	4月	福島譲二熊本県知事の急逝による知事選で潮谷義子氏が当選
	9月	川辺川利水訴訟で原告農民敗訴（熊本地裁）。直ちに福岡高裁に控訴
	12月	建設省、土地収用法によるダム事業計画を認定
2001年	1月	頭地代替地で村役場の起工式挙行
		球磨川流域自治体主催の「ダム建設・年内着工」の決起集会開催
	2月	球磨川漁協総代会、国の漁業補償案を否決

	5月	新国道445号線の板木〜頭地間開通、五木村〜人吉市の完全2車線化完成
	9月	人吉市で「川辺川ダムの賛否を問う住民投票」を求める署名運動で1万6711筆集まる。市議会で否決
	10月	人吉・球磨地元建設業者中心の「明日のくらしを考える会」が決起集会
	11月	球磨川漁協総会で国交省の漁業補償案を否決
	12月	五木村の再建推進で19年ぶりの村民大会開催
2002年	2月	熊本県主催の第一回「川辺川ダムを考える住民討論集会」を相良村で開催（2003年までに9回）
		熊本県収用委員会、川辺川ダムで初審議（中断を挟み、2005年9月 国交省取下げまで24回）
	4月	土地改良法一部改正（国・県営土地改良事業廃止手続き新設を含む）施行
		頭地代替地の村役場庁舎、保健福祉総合センター、診療所の合同落成式挙行
	10月	頭地代替地で五木村郵便局落成式
2003年	4月	五木東小学校、頭地駐在所が落成
	5月	川辺川利水訴訟の控訴審で国側敗訴。農水省、控訴せずに判決確定
	6月	県を仲介役とする川辺川利水事業に関する「事前協議」開始（2006年7月までに78回）
	8月	旧五木東小学校校舎を解体
	10月	熊本県、「五木ダム」の本体工事の評価を凍結
		熊本県収用委員会、新利水計画の策定まで審理の中断を決定
2004年	2月	五木東小学校新校舎落成式
2005年	9月	国交省、川辺川ダムに関する漁業権などの強制収用申請を取り下げ（同年8月の収用委員会勧告を受け）
		五木村、4年ぶりに村民大会を開催。ダム建設促進をアピール
2006年	4月	国交省、河川整備検討小委員会（以下、検討小委）を設置し、初会合
	7月	第78回利水事業に関する事前協議を県・推進派が解体
	8月	相良村矢上村長（当時）、川辺川利水事業からの離脱を正式通知
	11月	相良村矢上村長（当時）、川辺川ダム建設反対を表明

2007年1月	農水省、川辺川ダムによる利水計画からの撤退を表明（実際にはダム湖の水が水源）
2月	国交省の検討小委の近藤委員長、「穴あきダムの検討」を国交省に要請
2007年5月	国交省、川辺川ダム建設を前提とした球磨川水系の河川整備基本方針を決定（潮谷知事は不同意）
	国交省、流域53ヶ所で「川づくり報告会」を開催。参加者は、圧倒的に「ダムなし治水」を求める
6月	電源開発、川辺川ダムからの発電事業の撤退を表明
12月	農水省、「国営川辺川総合土地改良事業」休止を決定
	潮谷知事、「3選不出馬」を表明
2008年1月	「未来エネルギー研究会」、荒瀬ダム撤去見直しを求める「研究報告書」提起
3月	熊本県知事選挙で蒲島郁夫氏が当選
6月	蒲島知事、「未来エネルギー研究会」の要請に応え、荒瀬ダム撤去方針（潮谷知事が決定）撤回を表明
8月	現相良村長徳田雅臣氏、「川辺川ダムは承認できない」と表明（利水の農水新案は推進の立場）
	住民主導による五木村村民大会、ダム本体工事の早期着工などを決議
9月	人吉市長田中信孝氏、「川辺川ダムは白紙撤回すべき」との所信を表明
	蒲島郁夫現熊本県知事、「川辺川ダム反対は民意、ダムによらない治水を究極まで追求」と表明
2009年1月	国交省、県・関係市町村を交え、第一回「ダムによらない治水を検討する場」を開催（2014年12月まで11回）
3月	熊本県、ダム計画の有無を前提としない五木村振興計画の素案を発表
9月	前原国交大臣、「川辺川ダム中止」を明言
2010年3月	蒲島知事、「荒瀬ダム撤去方針撤回」の断念を表明。同31日、荒瀬ダムの発電を停止
6月	国交副大臣・蒲島知事・五木村、将来の五木村再建・再生に向けた検討の開始につき同意
8月	国・県・五木村で設置した「五木村の生活再建を協議する場」が五木村で意見聴取
2011年1月	国交省、大型公共事業が中止になった場合に自治体を財政支援する補償法案を2年連続見送る
6月	熊本県、五木村の振興のために50億円の財政支援を行うことを明らかにする
7月	蒲島知事、五木ダムの建設を中止する方針を表明

	9月	「ダムによらない治水を検討する場」1年2ヶ月ぶりに再開
		球磨川漁協、瀬戸石ダム水利権更新の不同意を国に文書で示す
		「ダムによらない治水を検討する場」の第1回幹事会開催
	11月	五木村、五木ダムの建設促進で集会。村民300名が参加し決議を採択
		県公共事業再評価監視委員会、五木ダムの中止は妥当と判断
	12月	蒲島知事、熊本・五木ダム建設中止を最終決定
		和田五木村長、川辺川ダム建設中止に伴う村再建計画概要を発表
2012年	1月	相良村土地改良区、利水「不参加」と川辺川利水事業組合に回答
		関係6市町村長、川辺川利水事業で農水省の再開案を断念
		田中人吉市長、利水事業で「暫定水源方式」の提案を市議会に示す
	3月	政府（民主党政権）、五木村をモデルに「ダム中止特措法案」を閣議決定
		「ダムによらない治水を検討する場」の第3回幹事会開催
	6月	国交省、五木村と同議会に生活再建など31億円の事業説明
	9月	県営荒瀬ダムの撤去工事始まる
		民主党国会対策委員会、「ダム中止特措法案」の継続審議の方針を決める
2012年	11月	「ダムによらない治水を検討する場」の第4回幹事会開催
	12月	太田昭宏国土交通大臣、川辺川ダム中止の方針を踏襲する考え示す
2013年	1月	関係6市町村長、川辺川利水事業組合の解散届を県に提出
	2月	政府（自公政権）、「ダム中止生活再建支援法案」を国会に再提出しない方針を固める
	3月	五木村の水没予定地活用計画案まとまる
		頭地大橋が完成し、県道宮原五木線が全線開通
		川辺川総合土地改良事業組合が解散
	5月	国交省の球磨川下流環境デザイン検討委員会、遥拝堰復元を検討

5月～12月	連絡協はじめ市民団体、瀬戸石ダム撤去・水利権更新反対で集会、国・県・関係市町村への要望を行う
6月	熊本県、県営市房ダムの洪水調節能力を強化する方針固める
	不知火海・球磨川流域圏学会、荒瀬ダム撤去で回復した環境を報告
7月	相良村農家、利水事業で国営による既存水路改修を要望
8月	国交省、球磨村渡地区に球磨川初の導流堤整備と排水ポンプ設置を説明
	川辺川利水原告団・弁護団、水田の既存利水施設補修を国に要望
11月	人吉市長、遊水地整備を国交省に要望
	「ダムによらない治水を検討する場」の第5回幹事会開催
12月	電源開発、瀬戸石ダムの水利権更新を申請
2014年1月	国交省、瀬戸石ダム水利権「更新許可が妥当」と見解
	連絡協、瀬戸石ダムの撤去を求め、蒲島知事あての提言書を提出
	球磨川漁協、瀬戸石ダム水利権更新で「新たな漁業補償を」と要望書提出
2月	住民400名、瀬戸石ダム撤去求め集会。「豊かな川を」と訴え
	蒲島知事、瀬戸石ダム水利権更新で「支障なし」と回答
	熊本地裁、路木ダム（天草市）建設計画は違法と判決
3月	五木村内川辺川ダム水没予定地に多目的広場ついに着工
4月	「ダムによらない治水を検討する場」関係の国、県、市町村長らで会合
7月	ダム建設促進協議会、抜本的治水対策早期着工要望へ

編者　『崩壊する「ダムの安全神話」——ダムは命と暮らしを守らない』
出版準備委員会

連絡先
子守唄の里・五木を育む清流川辺川を守る県民の会
〒860-0073
熊本市西区島崎4-5-13　中島　康 方
電話　090-2505-3880

崩壊する「ダムの安全神話」——ダムは命と暮らしを守らない

2015年2月20日　　初版第1刷発行

編者 ——『崩壊する「ダムの安全神話」——ダムは命と暮らしを守らない』出版準備委員会
発行者 ——平田　勝
発行 ——花伝社
発売 ——共栄書房
〒101-0065　東京都千代田区西神田2-5-11出版輸送ビル2F
電話　03-3263-3813
FAX　03-3239-8272
E-mail　kadensha@muf.biglobe.ne.jp
URL　http://kadensha.net
振替 ——00140-6-59661
装幀 ——佐々木正見
印刷・製本—中央精版印刷株式会社

ISBN 978-4-7634-0728-3 C0036